BIBLIOTHÈQUE SCIENTIFIQUE CONTEMPORAINE

LES INDUSTRIES

Des Animaux

par

Frédéric HOUSSAY

PARIS

LIBRAIRIE J.-B. BAILLIÈRE

1890

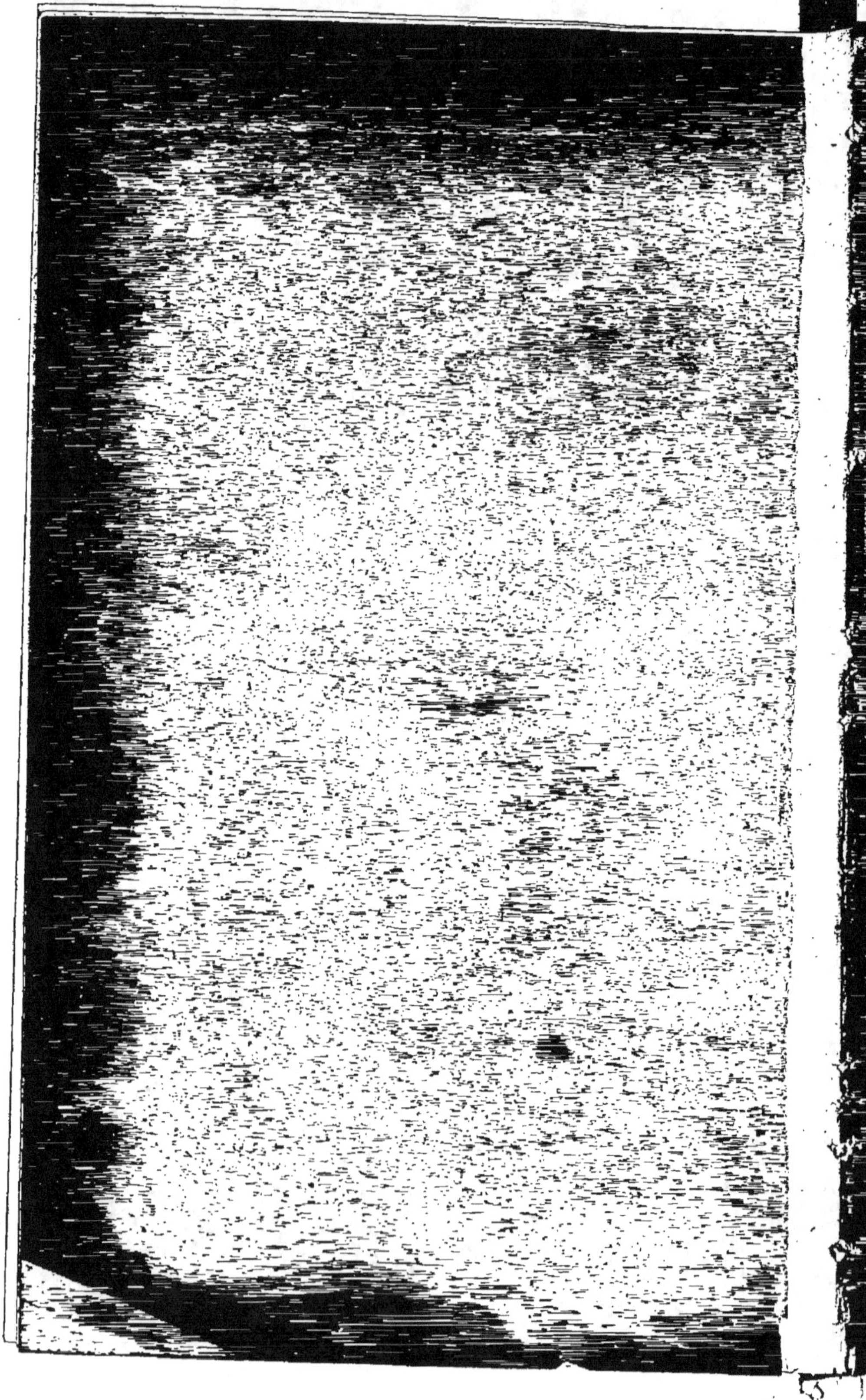

LES

INDUSTRIES

Des Animaux

LES INDUSTRIES

Des Animaux

PAR

Frédéric HOUSSAY

MAITRE DE CONFÉRENCES A L'ÉCOLE NORMALE SUPÉRIEURE

Avec 38 figures intercalées dans le texte

PARIS

LIBRAIRIE J.-B. BAILLIÈRE ET FILS

RUE HAUTEFEUILLE, 19, PRÈS DU BOULEVARD SAINT-GERMAIN

1889

Tous droits réservés

LES
INDUSTRIES DES ANIMAUX

INTRODUCTION

Naturalistes d'autrefois et naturalistes d'aujourd'hui. — Histoire naturelle et Sciences naturelles. — Théorie de l'évolution. — Principales industries humaines. — Principales industries des animaux. — Intelligence et instinct. — Les actions instinctives proviennent d'actions à l'origine réfléchies. — Plan d'étude des diverses industries.

L'étude des animaux, des plantes, des roches, des choses de la nature enfin, était autrefois désignée sous le nom d'*histoire naturelle* ; mais voici que ce terme tend à disparaître du vocabulaire, et celui de *sciences naturelles* se substitue à lui. Pourquoi ce changement et à quoi répond-il ? Car il est rare qu'un mot se modifie en si peu de temps si la chose désignée n'a pas varié elle-même.

Naturalistes d'autrefois et naturalistes d'aujourd'hui. — Les formes extérieures ont assurément changé ;

et le naturaliste d'autrefois nous fait l'effet d'un être légendaire. J'entends celui des romans de George Sand, arpentant d'un jarret solide les monts et les vaux à la recherche d'un Insecte rare qu'il va piquer avec volupté, ou d'une plante difficile à atteindre qu'il va sécher triomphalement et fixer avec art sur une feuille de papier, portant la date de la rencontre et le nom de la localité. Un herbier devenait une sorte de journal rappelant à son heureux propriétaire toutes les péripéties de la chasse heureuse, toutes les bonnes senteurs de la campagne aux jours d'excursions, tous les chauds rayons du soleil, les eaux claires, les ombres fraîches. Tout naturaliste cachait plus ou moins bien un amateur d'idylles ou d'églogues. Assurément toutes les études préliminaires, résultat de ces courses, étaient à faire, elles ont été bien faites ; c'est avec reconnaissance pour nos devanciers que nous profitons de leurs travaux ; et nous regrettons parfois la façon pittoresque dont les recherches se faisaient alors.

Le naturaliste, aujourd'hui — je parle du plus grand nombre — vit plus dans le laboratoire que dans la campagne. Quelques sorties, quelques excursions sur les grèves et quelques dragages sont les seuls liens qui le rattachent à la nature ; le scalpel et le microtome ont remplacé les épingles du collection-

neur, et la loupe pâlit auprès du microscope. Et lorsque l'observateur arrive à cultiver les sujets d'étude
dans son laboratoire, il ne se soucie plus d'en passer
le seuil. Il a tant à apprendre encore sur les êtres les
plus communs qu'il lui semble inutile de perdre son
temps à la recherche des plus rares ; à moins qu'on ne
tienne un grand compte de l'incontestable plaisir de
courir les bois et les grèves ; mais cette préoccupation n'est point du domaine scientifique.

Bien entendu ce changement de mœurs ne suffit
pas pour créer une science. Enlever à une étude tout
ce qu'elle avait d'aimable et de facile, en faire la
propriété d'une petite élite, alors qu'elle était acces-
sible à tous, n'est ni nécessaire, ni suffisant pour la
déclarer scientifique. C'est une fatalité que l'on subit
plutôt qu'on ne s'en fait gloire.

Le changement de mœurs est bien plus une con-
séquence qu'une cause.

Lorsqu'on ne savait rien encore, ou peu de choses,
on a nécessairement commencé par examiner les
phénomènes qui se présentaient les premiers aux
yeux de l'observateur, tels que les mœurs des animaux et les caractères qui les distinguent entre
eux. On a étudié leurs différences et leurs ressem-
blances ; on a formé des groupes, on les a classés et
rangés dans un ordre rappelant autant que faire se

peut les rapports qu'ils ont entre eux. Pour les classifications on ne peut considérer tous les faits, ce serait un chaos ; il faut choisir les caractères, et donner la prépondérance à certains d'entre eux. Le triage a été exécuté avec une sagacité géniale par les illustres naturalistes du siècle dernier et du commencement de celui-ci. Mais les cadres qu'ils ont tracés sont fixes, rigides ; la nature, par son infinie plasticité, y échappe. C'est un grand hommage rendre aux classificateurs de dire qu'ils ont serré les faits d'aussi près que cela pouvait être. Les catalogues qu'ils ont dressés sont d'une utilité incontestable, incontestée.

Mais leur rôle est d'être seulement utiles, il ne faut pas prétendre en faire l'expression, le symbole, la formule dans lesquels on peut enfermer tous les phénomènes naturels. Les confondre avec la science, c'est confondre le levier avec l'effet qu'on attend de lui.

Aujourd'hui, ces catalogues sont assez complets pour que les efforts de quelques travailleurs suffisent à les parachever.

La curiosité pousse toujours vers ce qui est le moins connu. Les apparences extérieures étudiées, on s'est enquis de la forme et du fonctionnement des organes internes. La physiologie et l'anatomie comparée naissent et se perfectionnent ; les recherches abondent; les observateurs abandonnent les champs pour le laboratoire. La différence des procédés de recherche, la précision poussée à ses extrêmes limites, résultats forcés de la différence de nature des observations à faire, ne légitimeraient cependant point encore les revendications des études naturelles au titre de science.

Histoire naturelle et sciences naturelles. — Un événement plus important s'est produit qu'il nous reste à dire.

Les naturalistes anciens avaient, ainsi que leurs contemporains, des croyances solides dont ils se servaient comme de principes indiscutables et certains, avec lesquels ils se faisaient fort de comprendre tout. Une observation quelconque avait son explication prête d'avance; les faits étaient interprétés isolément. Leur étude amenait invariablement sous la plume de l'écrivain les mêmes admirations enthousiastes sur le rôle merveilleux de la Providence dans la nature. Les phénomènes desquels ne ressortait pas aussi nettement cette action étaient purement et simplement décrits sans liens entre eux ni avec les autres. Une hypothèse qui laissait sans explication un grand nombre de faits était nécessairement insuffisante. Les descriptions, malgré tout leur intérêt particulier, ne constituaient pas un tout homogène, une science. C'était en effet un ensemble d'histoires plus ou moins naturelles.

La science se constitue seulement le jour où l'on a trouvé une hypothèse simple, une formule qui relie entre eux tous les faits connus à l'instant présent, et, bien entendu, sans rien préjuger de l'avenir. A mesure que le nombre des faits acquis augmente, si l'hypothèse en question peut toujours expliquer les nouveaux comme elle expliquait les anciens, la science s'établit d'une façon plus forte. Enfin imaginons un temps où tous les phénomènes possibles sont connus, si l'hypothèse existante, les enferme tous, rien désormais ne peut plus l'ébranler, la science est terminée. Voilà le cas simple où une théorie émise a traversé victorieusement le temps; mais, si un seul fait bien certain la contredit, elle doit tomber ou se modifier. Plus une théorie explique déjà de choses et plus elle a de chances de succès dans l'avenir. Je dis seulement de chances, car elle est toujours à la merci d'une observation imprévue qui peut la renverser brusquement.

Il n'est point de théorie qui ne doive se modifier constamment, au moins dans ses détails. Arriver à force de perfectionnements successifs à la rendre de plus en plus générale est le but que l'on doit poursuivre. Un ensemble d'études constitue une science lorsqu'une hypothèse a surgi, suffisamment forte déjà, pour qu'on soit obligé d'y rapporter toutes les acquisitions nouvelles, pour qu'on soit contraint de voir si elles la fortifient ou la contrarient.

Ce serait en effet une conception étroite de considérer comme savants les seuls partisans de la théorie ; plus que partout ailleurs la discussion est féconde dans les sciences naturelles ; et, s'il est nécessaire d'avoir la constante préoccupation des idées générales qui ont cours, il ne l'est pas du tout d'y adhérer servilement.

Les naturalistes sont actuellement en possession d'une telle formule dont il faut toujours se préoccuper, autrement dit, il y a des sciences naturelles.

Théorie de l'évolution. — Cette hypothèse qui prime tout c'est la théorie de l'évolution. Ce n'est ici ni le lieu, ni le moment d'en faire l'exposé complet, de dire toutes les preuves qu'on a amoncelées pour l'édifier, ni toutes les critiques que l'on a dirigées contre elle. Elle sort aujourd'hui victorieuse de la lutte. Une prodigieuse quantité de faits d'anatomie comparée et d'embryologie, inexplicables sans elle, sortent du chaos et constituent un ensemble véritablement et merveilleusement homogène. Issue des sciences naturelles, la doctrine de l'évolution les déborde maintenant et tend à englober tout ce qui a trait à l'Homme : histoire, sociologie, économie politique, psychologie. Les moralistes cherchent et trouveront sûrement des conciliations qui permettent aux lois morales de vivre sous le régime de cette envahissante hypothèse, dont la généralité s'étend comme une tache d'huile.

Pour ne pas remonter trop haut dans l'histoire, fixons nos regards sur la fin du dernier siècle et le commencement de celui-ci. Les Cuvier, les Lamarck, les Geoffroy-Saint-Hilaire, tous préoccupés d'idées générales, essayent chacun de leur côté d'édifier une doctrine. La théorie de l'évolution naît sous la plume de Lamarck ; mais tombe aussitôt sous les attaques de Cuvier. C'est à Darwin que revient l'honneur de l'avoir tirée de l'oubli et d'avoir suscité le mouvement qui emporte aujourd'hui les sciences naturelles.

Des études d'embryologie, d'anatomie, surgissent nombreuses sous cette impulsion. Peut-être est-on en droit de dire que ces sciences nouvelles, si fécondes en résultats, accaparent un peu l'attention, et font laisser dans l'ombre des sujets plus anciennement connus, mais qui reprennent de l'intérêt par la façon dont ils rentrent dans les cadres scientifiques actuels.

Je veux parler des mœurs des animaux, faits déjà

intéressants, si l'on considère chaque trait en son particulier, et qui le deviennent encore bien plus si l'on s'attache à montrer la manière étroite dont ils se relient tous entre eux.

Pour épuiser le sujet, des volumes ne suffiraient pas; mais si la tâche entière est trop considérable, du moins puis je songer à en accomplir une partie, et à traiter des faits que l'on peut réunir sous le titre commun des *industries des animaux*. Peut-être reprochera-t-on à chacun d'eux en particulier un certain caractère anecdotique, mais on est obligé de convenir que, par leur ensemble, ils constituent un important chapitre des sciences de la vie.

Principales industries humaines. — Jetons d'abord un regard rapide sur les diverses étapes que la civilisation et l'industrie de l'Homme ont parcourues avant d'arriver à leur état actuel. On peut pour se rendre compte de ces phases : soit suivre dans un pays déterminé l'état de la civilisation en remontant le cours des siècles : soit retrouver à une époque déterminée en différents points de la terre tous les stades de l'évolution humaine. Les Hommes sauvages d'aujourd'hui ne sont pas plus avancés dans leur évolution que nos ancêtres maintenant fossiles. Quoi qu'il en soit, l'Homme, d'abord frugivore, ainsi que nous le montrent sa dentition et ses affinités zoologiques, arrive peu à peu à se nourrir de la chair des autres animaux, à la suite de la disette de fruits ou pour toute autre cause.

La recherche de cette proie fuyante développe chez lui l'art de la chasse et de la pêche. Son intelligence, faible encore, est tout entière concentrée sur ce point : s'emparer d'un animal et s'en repaître, alors que ni ses ongles, ni ses dents, ni ses muscles n'en font pour lui une chose naturelle. Chasser, pêcher, défendre son territoire contre les fauves qui le dépeuplent et qui l'attaquent lui-même, repousser les tribus de ses pareils qui amoindriraient ses provisions, voilà les premiers rudiments de l'industrie de l'Homme.

Devenu plus habile, il s'empare dans une expédition de trop de gibier pour le consommer sur le champ; il garde alors près de lui des bêtes vivantes pour les immoler lorsque la faim viendra. Sa réserve d'animaux augmente, ceux-ci s'accoutument à vivre près de lui, il soigne son garde-manger. Un troupeau se constitue, peu à peu, et le propriétaire apprend à profiter de toutes les ressources qu'il lui offre, depuis le lait jusqu'à la laine. Désormais économe de son bétail, il se déplace pour lui procurer en abondance l'herbe et l'eau. Il chasse toujours et fait toujours la guerre; mais ce sont maintenant industries accessoires. Il est surtout occupé de la *domestication des animaux*.

Puis voilà qu'il prend goût à la graine d'une graminée : le *blé*. Rechercher les épis un à un constitue un travail bien peu fructueux et bien pénible. L'Homme en fait provision, il cultive, il a des champs qu'il ensemence et moissonne. Il est désormais forcé de renoncer à ses troupeaux devenus immenses. Il ne peut s'éloigner du sol où mûrit son blé, s'il veut faire lui-même la récolte ; et son bétail, trop considérable, manque de pâturages. Le nombre de bêtes va en diminuant, se réduit ; le pain a tué le lait. L'Homme ne garde auprès de lui qu'un faible troupeau capable de se nourrir sur un petit territoire ; il abandonne ses abris volants : tentes de peaux de bêtes ou de laine tissée et, puisqu'il doit désormais vivre sur le même lopin de terre, il s'y construit une demeure fixe. Telle est, dans son ensemble, la genèse de l'industrie de l'habitation bâtie liée à celle de la culture du sol ; aux périodes antérieures correspondaient la caverne naturelle ou creusée et l'abri tissé.

Principales industries des animaux. — Nous retrouvons chez les animaux, à des degrés plus ou moins parfaits, ces différentes industries. Nous devons, pour que la comparaison soit efficace, considérer surtout les manières de faire de ceux qui ne sont pas doués d'organes spécialement appropriés, car, dans ce cas, la tâche leur est rendue par trop simple. Un exemple pour préciser : le Lion est, assurément, un incomparable chasseur ; mais tout, dans son organisation, concourt à lui faciliter la capture des proies vivantes. Son agilité, la vigueur de ses muscles lui permettent de s'en emparer du premier bond, avant qu'elles aient pu fuir. Avec ses griffes acérées il les retient ; ses dents sont tellement tranchantes et ses mâchoires si fortes qu'il les a mises à mort en un clin d'œil ; avec de tels avantages naturels quel besoin a-t-il de s'ingénier ? Aucun. Mais s'il s'agit du Loup ou du Renard, c'est tout autre chose ; ils chassent avec un art véritable et que l'Homme lui-même n'a pas dédaigné, puisqu'il s'est associé le Chien, leur parent. Il en est de même de l'Aigle et du Corbeau. Ce dernier, pour s'emparer de la proie qu'il convoite, doit avoir recours à des ressources bien plus variées que le grand rapace pour lequel la nature a tout fait.

Non seulement la chasse et la pêche, mais l'art d'approvisionner des greniers, de domestiquer des espèces différentes, de moissonner et de récolter, et les rudiments des principales industries humaines se retrouvent chez les animaux. Certains d'entre eux profitent, pour s'abriter, des cavernes naturelles, ainsi que le faisaient les premières tribus d'Hommes chasseurs. D'autres : le Renard, les Rongeurs, etc., se creusent dans la terre de véritables logis ; il y a encore, aujourd'hui, des régions où l'Homme n'agit pas autrement et s'aménage un logement dans des excavations pratiquées dans la craie ou le tuf. Les demeures tissées, construites avec des matériaux enchevêtrés les uns avec les autres, tels que les nids d'oiseaux, dérivent du même procédé de fabrication que les pièces d'étoffe de laine dont les nomades font leurs tentes. Les Termites, qui construisent de vastes demeures d'argile, les Castors, qui bâtissent des huttes de bois et de vase, sont arrivés, dans cette industrie, au même point que l'Homme. Ils ne font pas aussi bien, sans doute, ni aussi compliqué que les architectes et les ingénieurs modernes, mais ils travaillent de la même façon.

Et tous ces ingénieux artisans opèrent sans organes spécialement adaptés pour accomplir l'effet qu'ils en tirent. C'est de ces véritables industries que nous parlerons, laissant un peu de côté d'autres productions, plus merveilleuses à certains égards, mais qui sont formées par des organes particuliers, sortent du corps même de l'animal, sont élaborées dans son organisme et ne sont pas le résultat de l'effort intelligent de l'individu. Dans cette catégorie rentreraient les filets que tend l'Araignée pour captiver les Mouches, le cocon dont la Chenille s'entoure pour abriter sa métamorphose, etc.

Intelligence et instinct. — En observant attentivement, d'ailleurs, on peut trouver tous les intermédiaires possibles chez les animaux, entre une action délibérée et réfléchie, un acte devenu instinctif et, enfin, une manière de faire tellement invétérée dans l'espèce qu'elle a réagi sur le corps de l'être, l'a profondément modifié, a fait surgir peu à peu un nouvel organe, de telle sorte qu'alors les phénomènes s'accomplissent comme une simple fonction de la vie végétative au même titre que la respiration ou la digestion.

Si un individu est amené à reproduire souvent la même suite d'actions, il contracte une *habitude*, la répétition peut être si fréquente que l'animal arrive à l'accomplir en quelque sorte sans s'en douter, le cerveau n'a plus à intervenir, c'est la moelle épinière ou la chaîne ganglionnaire qui, seules, régissent ces catégories d'actes auxquels on a donné le nom d'*actes réflexes*. Un réflexe peut être assez puissant pour être transmis par hérédité de l'être à ses descendants: il devient alors un *instinct*.

Ainsi, par sa nature, l'instinct ne diffère point de l'intelligence, il y est intimement relié par une chaîne dont on peut compter tous les anneaux. L'être le plus intelligent, l'Homme, a des actions purement machinales, beaucoup même pourraient, à bon droit, être appelées instinctives et, d'autre part, l'animal auquel un instinct inné, hérité, suffit dans la vie ordinaire, fera parfaitement preuve d'intelligence et de réflexion si les circonstances où son instinct est efficace, en général, viennent à se modifier et s'il n'en peut plus tirer un parti suffisant.

Entre autres expériences ingénieuses mises en lumière pour accuser la différence supposée entre l'acte instinctif et l'acte réfléchi, Fabre rapporte celle-ci. Le *Chalicodome*, Hyménoptère voisin des Abeilles, construit des nids composés d'alvéoles, formées de boue agglutinée avec de la salive. Une fois l'alvéole construite, l'Insecte se met en devoir de la remplir de miel avant d'y pondre un œuf. Le voici qui revient de butiner ; il arrive au nid pour se débarrasser, trouve la cellule qu'il s'agit de remplir et procède en deux temps qui se suivent toujours dans le même ordre : 1° il plonge la tête dans la cellule, y dégorge le miel qui remplit son jabot ; 2° il sort de la cellule, se retourne et fait tomber le pollen qui est resté attaché à ses pattes. Supposons un Insecte qui vient de dégorger son miel. Fabre lui touche le ventre avec une paille: le petit animal, dérangé dans son opération, va la reprendre ; il n'a plus que le second acte à faire. Tant pis! il recommence tout; même n'ayant plus rien à dégorger, il replonge la tête dans la cellule et en fait le simulacre, il se retourne et se débarrasse de son pollen. Qu'on le touche deux fois, trois fois, plus si l'on veut après le premier temps; toujours il en refera le geste avant d'exécuter le second. « C'est ici, dit Fabre, presque mouvement de machine, dont un rouage ne marche que lorsqu'on a commencé de tourner la roue qui le commande. »

C'est incontestable; mais j'ajoute, ce que ne fait fait pas le consciencieux observateur: cela ne prouve pas que l'intelligence de l'Insecte diffère essentiellement de la nôtre; c'est une simple question de degré. Voyez cet enfant qui va sauter un fossé ; il a commencé par cracher dans ses mains et les frotter l'une contre l'autre avant de prendre son élan. A quoi cela lui a-t-il servi dans ce cas? En quoi est-ce plus intelligent que le geste de l'Abeille qui plonge d'abord la tête dans sa cellule avant de s'y débarrasser les pattes alors que le premier geste est inutile.

Et, d'un autre côté, si rien n'est plus instinctif que la manière dont les Abeilles domestiques construisent leurs alvéoles de cire, avec une régularité géométrique, il est d'autres circonstances où ces mêmes Insectes font preuve d'une réflexion, d'une sagacité, d'une intelligence remarquables pour merveilleusement coordonner leurs actions en vue d'un événement auquel elles ne sont pas accoutumées, et pour atteindre un but qui se présente par accident. Telles sont, par exemple, les dispositions qu'elles prennent pour défendre leur miel contre les invasions d'un grand Papillon nocturne, le Sphynx tête de mort ; j'aurai du reste à revenir sur ces faits.

Il ne faut donc pas envisager l'instinct, ainsi qu'on le fait souvent, comme un rudiment d'intelligence, susceptible ou non de se développer ; mais bien plutôt comme un ensemble d'actes intelligents, d'abord raisonnés, puis par leur répétition fréquente devenus habituels, réflexes et enfin par hérédité instinctifs.

Ce que l'individu perd en originalité et en initiative personnelle, l'hérédité le lui rend sous forme d'instinct, sorte d'intelligence condensée et accumulée par ses ancêtres. Il n'a plus à s'ingénier lui-même ni pour préserver sa vie, ni pour assurer la perpétuité de sa race. Les qualités qu'il tire de sa naissance même lui rendent moins nécessaire la réflexion ; aussi les espèces douées de quelque instinct puissant semblent-elles n'être point intelligentes au moins lorsque leur

vie se poursuit à l'abri des événements imprévus.
C'est un fait un peu de même nature que celui d'un
Homme instruit qui a profité de toutes les idées des
ancêtres et qui cependant peut être personnellement
moins intelligent qu'un individu moins cultivé.

A un certain point de vue l'instinct paraît une
dégradation de l'intelligence plutôt qu'un perfectionnement, parce que les actes qui en procèdent ne sont
ni aussi spontanés ni aussi personnels ; mais d'un
autre côté ils sont beaucoup mieux exécutés, avec
moins d'hésitations, avec une dépense de force cérébrale plus faible et un minimum d'efforts musculaires.
Un acte habituel nous coûte déjà bien moins à exécuter
qu'un acte délibéré et réfléchi. C'est ainsi que les
constructions des Abeilles sont plus parfaites que
celles des Fourmis ; les premières agissent d'instinct,
les secondes raisonnent leurs actes à chaque fois.

*Les actions instinctives proviennent d'actions à
l'origine réfléchies.* — Sans doute on peut dire : C'est
une pure hypothèse de considérer ainsi l'instinct
comme dérivant de l'intelligence; et pourquoi ne pas
admettre aussi bien que dès l'origine les actes instinctifs ont été tels? en d'autres termes que les espèces
ont été créées telles que nous les voyons aujourd'hui.
L'explication précédente a l'avantage d'être en har-

monie avec la théorie générale de l'évolution, qui peut bien n'être pas vraie, cela n'a aucune importance, mais qui rend si bien compte des faits les plus compliqués, qu'elle doit être acceptée pour l'instant.

Au reste s'il n'est pas possible d'apprécier les facultés psychiques que possédaient les ancêtres des animaux actuels, du moins pouvons-nous observer quelques faits qui nous mettront sur la voie de l'explication.

Un intéressant Hyménoptère, le *Sphex*, assure d'une curieuse manière la nourriture pour les premiers temps de la vie de ses larves. Avant de pondre il s'empare d'un Grillon, le paralyse par deux coups d'aiguillon, l'un à l'articulation de la tête et du cou, l'autre à l'articulation du premier anneau du thorax avec le second, chaque piqûre traverse et envenime un ganglion nerveux. Le Grillon est paralysé sans être tué, sa chair ne se corrompt pas et cependant il ne fait aucun mouvement. Le Sphex dépose un œuf sur cette proie immobile et la larve qui en sort dévore le Grillon. Voilà assurément un merveilleux et sûr instinct, On ne peut même pas objecter que les coups d'aiguillon sont fatalement portés en ces points parce que l'enveloppe de chitine qui recouvre la victime offre en tous les autres endroits trop de résistance pour que le dard pénètre; car voici l'*Ammophile* proche parent du Sphex qui choisit pour proie une Chenille. Il est libre de faire entrer son aiguillon en n'importe quel point du corps et cependant avec une extrême sûreté il pique les deux ganglions dont j'ai parlé plus haut.

On ne peut pas supposer que l'Hyménoptère a des connaissances anatomiques et physiologiques suffisantes pour se rendre compte de ce qu'il fait. C'est donc un acte éminemment instinctif et qui semble empreint d'une fatalité écartant tout lien possible avec l'intelligence. Cependant supposons que les ancêtres de ces Hyménoptères aient ainsi attaqué des Grillons, et les aient tués (non paralysés) d'une ou de plusieurs piqûres en des points quelconques. D'aventure, quelques uns de ces Insectes, soit par suite de leur manière d'attaquer la proie, soit pour toute autre cause, arrivent à donner leurs coups d'aiguillon aux points cités plus haut. Leurs larves, de ce fait, sont dans des conditions plus favorables que celles de leurs congénères moins bien servis par le hasard, elles prospéreront d'avantage, seront plus tôt écloses. Elles héritent de cette habitude qui devient peu à peu à travers les âges ce que nous savons.

Cela est possible ; mais pourquoi cette hypothèse, qui semble gratuite, de coups d'aiguillon donnés au hasard ? Y a-t-il des faits qui rendent cette explication plausible ? Assurément.

Ainsi le *Bembex* qui s'attaque surtout aux Diptères pour en faire la proie de ses larves, se précipite brusquement sur eux et les tue d'un coup de dard n'importe dans quelle partie du corps. Il ne peut, dès lors, amasser à l'avance des provisions suffisantes pour sa larve : les cadavres se corrompraient. Il est obligé de retourner de temps en temps leur porter une pâture nouvelle.

Récemment encore, M. Marchall, reprenant l'étude de l'instinct chez le *Cerceris ornata* (*Archives de zoologie expérimentale*, 1887), a montré que, dans cette espèce au moins, les piqûres n'avaient pas un effet aussi considérable que dans le cas des *Sphex*. Cet Insecte attaque les *Halyctes*. Il porte à sa victime deux ou trois coups d'aiguillon ; mais la paralysie n'est pas définitive, peut-être à cause de la nature du venin qui n'est pas identique chez toutes les espèces. Le supplicié peut revenir à la vie au bout de quelques heures. Aussi le Cerceris est-il obligé de lui malaxer la partie supérieure du cou.

Ce second acte a pour effet, en lésant les ganglions cérébroïdes, de rendre impossible le retour de la volonté ; de plus, il permet à l'agresseur de satisfaire sa gourmandise personnelle, et de se repaître des liquides de l'organisme du vaincu ; ce qui est facile en raison du vaisseau sanguin dorsal qui passe à ce niveau. Il peut ainsi satisfaire un besoin individuel, tout en songeant à l'avenir de sa race.

On a dit à ce propos que dans ces cas l'instinct sûr dont ces espèces ont été douées originairement s'est déformé ; mais alors on admet une variation quelconque. L'hypothèse de la dégénérescence serait tout aussi gratuite que l'autre, et si l'on fait tant que d'en risquer une, il vaut mieux s'en servir pour expliquer les faits et ne pas l'utiliser pour les embrouiller.

Plan d'élude des diverses industries. — Les différentes industries auxquelles les animaux se livrent peuvent se répartir en un certain nombre de groupes. A propos de chacune de ces catégories, nous disposerons les choses de façon à voir en premier lieu agir les animaux qui, faute d'organes spéciaux, sont obligés de s'ingénier le plus ; à la suite, nous indiquerons quelques faits pour montrer comment des variations survenues ont amené d'autres espèces à accomplir ces actes avec une merveilleuse aisance.

Nous allons examiner d'abord les industries les plus simples : la chasse, la pêche, celles, en un mot, qui ont pour objet la recherche immédiate de la proie, et nous y joindrons celles qui leur sont liées comme la réaction l'est à l'action, c'est-à-dire les industries ayant pour effet de pourvoir à la sûreté et à la sauvegarde immédiate de l'individu.

Puis, dans un exposé parallèle à la marche du progrès suivi par les civilisations humaines, nous verrons chez les animaux l'art de faire des provisions, de domestiquer et d'exploiter des troupeaux, de réduire leurs semblables en esclavage.

Enfin, nous déroulerons la série des modifications que peut subir l'habitation, et nous verrons comment certaines espèces, après avoir su se construire des demeures admirablement disposées, savent encore les assainir et les défendre contre les incursions du dehors.

CHAPITRE PREMIER

CHASSE. — PÊCHE. — GUERRE ET EXPÉDITIONS

Les Carnivores doivent être et sont plus habiles chasseurs que les Herbivores. — Différents modes de chasse. — Chasse à l'affût. — Affût amorcé. — Chasse au gîte ou au terrier. — Chasse à courre. — Luttes qui terminent la chasse. — Chasse avec des projectiles. — Circonstances particulières mises à profit — Procédés pour tirer parti du gibier capturé. — Guerre et brigandage. — Expéditions pour acquérir des esclaves. — Guerres des Fourmis.

Les Carnivores doivent être et sont plus habiles chasseurs que les Herbivores. — C'est, d'une façon nécessaire, la recherche de la nourriture qui a suscité parmi les animaux les premières industries. On comprend sans peine que les Herbivores aient peu à s'ingénier pour leurs aliments ; ils sont dans l'échelle des êtres tellement supérieurs à leurs proies qu'ils s'en emparent et s'en repaissent par le fait seul de leur organisation et adaptation suffisantes pour en tirer parti et l'assimiler. Ils sont sans doute à la merci de circonstances fatales, sur lesquelles ils n'ont pas d'action et qui amènent la disette. Les Carnivores également peuvent avoir à souffrir de l'absence des proies ; mais de plus, dans le temps le plus favorable pour eux où les animaux dont ils vivent abondent dans une région, il leur est nécessaire de développer une activité spéciale pour s'emparer d'êtres mobiles comme eux, défiants, prompts à la fuite et rapides à la course. Aussi est-ce parmi eux que nous devons nous attendre à trouver le mieux cultivé l'art de la chasse, surtout si nous mettons à l'écart les plus carnassiers d'entre eux, dont toute l'organisation est combinée pour un effet rapide et productif.

Différents modes de chasse. — De même que l'Homme, les animaux chassent à l'affût ou à courre ; d'autres savent renverser la victime convoitée en projetant sur elle un corps étranger. Ceux-ci profitent de toutes les circonstances extérieures particulières qui sont susceptibles d'effaroucher le gibier, de l'étourdir et d'en rendre la capture facile. Mais c'est en voyant chaque trait particulier que ressortira le mieux la manière étroite dont ces industries se relient aux nôtres. Il est certain que je ne puis songer à relever tous les faits qui se rapportent à la recherche des proies chez les animaux ; il faut se borner à en prendre quelques-uns, sortes de jalons qui marquent le chemin.

Chasse à l'affût. — La façon la plus simple, la plus

rudimentaire de chasser à l'affût est de tirer parti purement et simplement d'une circonstance extérieure favorable pour se dérober à la vue et d'attendre l'approche de la proie. Les uns se mettent à l'abri d'une touffe d'herbe, se blottissent dans un hallier, se tapissent sur une branche d'arbre pour fondre subitement sur la victime qui marche vers la perfide embuscade, sans se défier du danger qu'elle récèle. Le Crocodile se dissimule par son habileté à plonger sans bruit. Sur le rivage, une bande d'Oiseaux vient se poser. Ils fouillent la vase pour y trouver des Insectes ou des Vers, ou simplement s'approchent du fleuve pour y boire et s'y baigner. Malgré sa grande taille et son robuste appétit, le Crocodile ne dédaigne point ce plat léger ; mais le moindre bruit, la moindre ride à la surface de l'eau peuvent faire évanouir le futur repas. Le Reptile plonge, les Oiseaux continuent sans défiance leur va-et-vient. Brusquement devant eux émerge la gueule grande ouverte et armée de dents formidables. Dans la seconde de stupeur et d'immobilité qu'a produite l'apparition imprévue, quelques imprudents ont disparu entre les deux larges mâchoires. Les autres s'envolent à tire-d'aile.

De cette même façon sournoise et brutale, il happe les Chiens, les Chevaux, les Bœufs et même les Hommes qui viennent boire.

Une des plus dangereuses embûches que peuvent rencontrer sur leur chemin les animaux qui viennent à une source est celle que leur dresse le Python. Ce gigantesque Serpent se pend par la queue à une branche d'arbre et se laisse traîner comme une longue liane. La victime qui passe à portée est perdue, saisie, enroulée, broyée dans les nœuds que forme le Serpent autour d'elle.

Il n'est pas utile de multiplier les exemples de ce genre de chasse aussi simple que répandu.

Non contents d'utiliser une disposition naturelle qu'ils rencontrent, il y a des animaux qui construisent de toutes pièces de véritables affûts, agissant ainsi comme l'Homme qui bâtit au milieu ou sur le bord des étangs des cabanes pour atteindre les Canards sauvages, ou qui creuse sur le passage d'un Lion une fosse recouverte de troncs d'arbres au fond de laquelle il frappera sans danger le fauve. Certains Insectes pratiquent ce genre de chasse.

La larve de la Cicindèle (*Cicindela campestris*) se creuse un trou de la grosseur d'une barbe de plume ; elle le dispose verticalement et lui donne une profondeur, énorme pour sa taille, de 40 centimètres. Elle se maintient dans ce tube en arc-boutant son corps souple le long des parois et à une hauteur suffisante pour que le sommet de sa tête vienne affleurer à la

surface du sol et fermer l'orifice de la fosse (fig. 1).
Passe un petit Insecte : Fourmi, jeune Carabe ou
autre. Dès qu'il a commencé à cheminer sur la tête
de la larve de Cicindèle, celle-ci relâchant l'adhésion

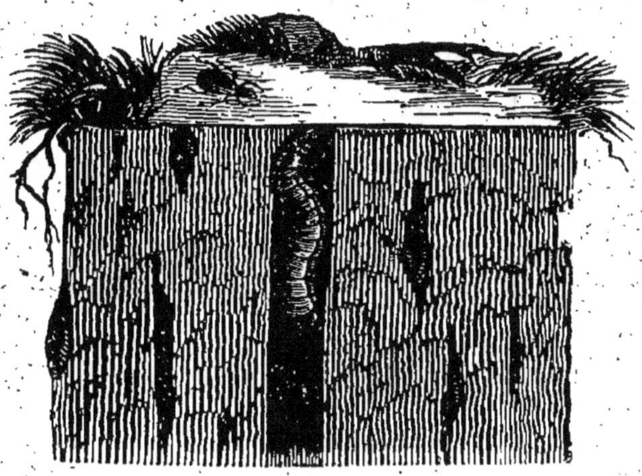

FIG. 1. — Larve de Cicindèle.

de son corps contre les parois, se laisse tomber au
fond de la trappe et entraîne la victime avec elle. Dans
cette étroite prison, elle s'en rend maîtresse le plus
facilement du monde et se met aussitôt en devoir d'en
sucer les parties liquides.

Le Staphilin (*Staphilinus Cæsareus*) agit avec plus
d'astuce encore ; non seulement sa fosse est plus par-
faite, mais encore il a le soin de faire disparaître des
abords toute trace des repas antérieurs qui pourrait

signaler de loin cette place comme un lieu de carnage. Il choisit une pierre au-dessous de laquelle il creuse un trou cylindro-conique dont les parois sont extrêmement lisses. Ce trou ne doit point servir de trappe, c'est-à-dire que le propriétaire n'a pas l'intention de faire rouler au fond quelque promeneur. C'est une simple cachette où il se blottit et se dissimule pour guetter l'occasion propice.

Aucune bête n'est plus patiente que l'Insecte, et les longues attentes ne le rebutent point. Dès qu'un petit animal s'approche de sa cachette, il fond sur lui avec impétuosité, le tue et le dévore. Auprès de sa fosse, il en a creusé une seconde beaucoup plus grossière et dont les parois n'ont pas été lissées avec le même soin. On y voit entassées des élytres et des pattes. Ce sont des parties cornées, dures et dont il n'a pu se nourrir. L'entassement dans cette fosse n'est donc point une réserve alimentaire. Ce sont des oubliettes où le Staphilin enfouit les débris de ses victimes. S'il les laissait s'accumuler autour de son trou, tous les promeneurs finiraient par craindre cet endroit et s'en écarter. Il serait signalé comme l'est le repaire d'un Poulpe par les nombreuses carapaces de Crabes et les coquilles qui en jonchent les abords.

L'embuscade du Fourmi-Lion est classique : elle ne

diffère pas sensiblement de celles-là. Il se tient blotti dans une fosse où il saisit les infortunées Fourmis que leur mauvaise chance y a fait rouler.

Affût amorcé. — Une variété de l'affût qui apporte à cette manière de chasser un perfectionnement considérable est d'exciter le gibier à s'approcher de la cachette au lieu de s'en rapporter au hasard qui doit le pousser vers ce lieu.

En pareille circonstance, l'Homme place dans le voisinage un appât, c'est-à-dire un des aliments préférés de la victime convoitée, ou du moins quelque objet dont la forme rappelle cet aliment ; ce sera, par exemple, une Mouche artificielle, pour s'emparer de certains Poissons.

Il est curieux de voir les Poissons eux-mêmes utiliser à leur profit ce système ; car c'est bien la façon d'agir de la *Baudroie* et de l'*Uranoscope*.

Le Tapeçon (*Uranoscopus scaber*) vit dans la Méditerranée. Au bout de sa mâchoire inférieure est développé un filament mobile et souple dont il se sert avec la plus grande dextérité. Blotti dans la vase, immobile et ne sortant que le bout de la tête, il agite et tortille son filament. Les petits Poissons qui rôdent alentour, enchantés à la vue de ce simulacre de Ver et le prenant pour une proie à eux destinée, s'élancent ; mais avant qu'ils n'aient pu le mordiller et reconnaître leur erreur, ils ont disparu dans la gueule du propriétaire de l'appât.

La Baudroie *(Lophius piscatorius)* n'a pas usurpé son nom quelque peu paradoxal de Poisson pêcheur. Elle se retire au milieu des herbiers et des algues. Sur le corps et tout autour de la tête, elle porte des appendices frangés qui, par leur ressemblance avec des feuilles de plantes marines, aident l'animal à se dissimuler. Son corps a du reste des tons qui ne tranchent pas sur les objets environnants. Sur sa tête se dressent trois filaments mobiles, formés par trois épines détachées de la nageoire supérieure. Elle se sert de l'antérieur qui est le plus souple et le plus long.

La Baudroie, travaillant à la manière du Tapeçon, agite ses trois filaments en leur donnant le plus qu'elle peut l'apparence de Vers, elle attire ainsi les petits Poissons dont elle se repaît.

Dans ces deux derniers exemples, nous voyons utiliser un organe spécial, en vue d'une fonction particulière ; c'est un des cas intermédiaires dont nous avons parlé entre les véritables et ingénieuses industries et les simples phénomènes dus à des adaptations et modifications du corps.

Chasse au gîte ou au terrier. — Tous ces procédés de chasse ou de pêche par surprise sont, pour la plupart, pratiqués par les espèces les moins agiles et qui ne peuvent saisir leur proie par une rapidité supérieure. Comme intermédiaire entre ces deux manières de faire, on peut placer celle qui consiste à surprendre le gibier lorsqu'une circonstance quelconque l'immobilise. Tantôt c'est le sommeil qui le met à la merci du chasseur, l'art de celui-ci consiste, dans ce cas, à rechercher les gîtes. Tantôt il profite d'un état jeune de la victime, comme font tous les dénicheurs de nids, qu'ils aient pour but de manger les œufs ou de dévorer les petits encore incapables de voler. Les animaux qui mangent les œufs d'Oiseaux sont en nombre considérable parmi les Mammifères, les Reptiles et les Oiseaux eux-mêmes.

L'Alligator de la Floride et de la Louisiane se livre volontiers à cette chasse. Il recherche en particulier le *Quiscalus major* qui niche dans les roseaux, au bord des marais ou des étangs. Lorsque les jeunes sont éclos et qu'ils attendent de leurs parents une pâture que les hasards de la chasse peut retarder, ils ne cessent de piailler et de les appeler par leurs cris. Mais les parents ne sont pas seuls à entendre ces appels qui leur sont destinés. Ils peuvent aussi frapper l'oreille de l'Alligator qui s'approche furtivement des imprudents chanteurs. D'un brusque coup de queue il secoue les roseaux et projette dans l'eau un ou plusieurs des jeunes affamés; ils sont dès lors à sa merci.

Les animaux, qui se nourrissent d'espèces vivant en société, s'emparent de leur proie soit quand elle est isolée, soit quand tous les membres de la colonie sont réunis dans leur cité. Cette recherche du nid s'impose nécessairement s'il s'agit d'êtres très petits par rapport au chasseur, comme serait par exemple le Fourmilier et les Fourmis. Mais le Fourmilier est doué d'une langue gluante et très longue qui lui rend extrêmement facile la capture de ces Insectes; lorsqu'il a trouvé un passage fréquenté, il lui suffit d'étendre sa langue, toutes les Fourmis viennent d'elles-mêmes se poser dessus; et lorsqu'elle est suffisamment chargée il la retire et les dévore.

L'*Oryctérope* d'Abyssinie (fig. 2) qui, lui aussi, est un grand mangeur de Fourmis et surtout de Termites, est aidé également par une langue très développée ; mais il a moins de patience que le Fourmilier, et il ajoute à cette ressource d'autres procédés de recherches, qui doivent rendre sa chasse plus fructueuse, et lui permettent de s'emparer à la fois d'un très grand nombre d'Insectes. Il se met en quête et, grâce à son odorat, il rencontre un chemin de Fourmis empreint de l'odeur spéciale et caractéristique que laissent après eux ces Hyménoptères, il remonte la

piste qui le conduit jusqu'au nid. Arrivé là et sans
s'occuper des Insectes plus ou moins clairsemés qui

Fig. 2. — L'Oryctérope.

rôdent à l'entour, il se met en mesure de pénétrer
jusqu'au milieu de l'habitation et creuse avec ses
ongles robustes un couloir qui lui en permet l'accès.

Chemin faisant il perce des cloisons, crève des planchers, cueille çà et là quelques fuyards et arrive enfin au centre de la place où grouillent des millions d'animaux. Il les engloutit alors à pleine gueule, et se retire en laissant derrière lui un désert et une ruine à l'endroit où s'élevait un véritable palais rempli d'une prodigieuse agitation.

Les colonies ne sont pas seulement en butte aux dévastations de ceux qui se repaissent de leurs membres; ils ont aussi pour ennemis les animaux qui convoitent leurs réserves d'aliments. Le plus ardent dénicheur d'Abeilles, c'est un Papillon nocturne le *Sphynx athropos*. Lorsqu'il a réussi à pénétrer dans la ruche, les piqûres des propriétaires qui fondent sur lui ne l'inquiètent pas, grâce à son épaisse toison de longs poils, qui ne laisse pas pénétrer l'aiguillon ; il se précipite sur les alvéoles, les éventre, se gorge de miel et cause de tels dégâts que l'on a observé, en Suisse, dans certaines années où ces Papillons étaient abondants, des quantités de ruches absolument vidées. Bien d'autres maraudeurs, et de plus gros, tels que l'Ours, répandent ainsi la terreur parmi les laborieux Insectes, et vident leurs greniers.

Il n'est guère d'animaux plus féconds en ruses que le Corbeau, et le fabuliste qui a voulu en faire une dupe a dû choisir, pour le lui opposer, un bien rusé compère, le Renard, afin de rendre son invention quelque peu vraisemblable. On raconte en nombre prodigieux les traits de la subtilité du Corbeau ; beaucoup sont absolument authentiques. Il n'y a pas de plus hardi pilleur de nids. Il avale les œufs et mange les petits des espèces qui ne peuvent se défendre contre lui ; il s'attaque même aux œufs des Mouettes de rivage ; mais il doit, dans ce cas, avoir recours à la ruse, car, s'il est surpris, il a de rudes combats à soutenir. C'est aussi sur les plages qu'il faut voir le Corbeau chercher à s'emparer du Bernard-l'Ermite. Ce Crustacé habite les coquilles vides, dépouilles de Gastéropodes. A la moindre alerte, il se retire jusqu'au fond et devient invisible ; mais l'Oiseau s'avance avec tant de prudence, qu'il peut souvent saisir le Bernard, avant qu'il n'ait eu le temps de s'enfoncer. S'il a manqué son coup, le Corbeau tourne et retourne la coquille jusqu'à ce que le Crustacé, impatienté, finisse par laisser sortir pied ou patte ; il est alors extrait et dévoré incontinent.

S'il faut chasser un gros gibier comme un Lièvre, le Corbeau s'adjoint volontiers un allié. Ils le lèvent au gîte et le poursuivent en volant. Malgré sa proverbiale vitesse, le Rongeur peut à peine s'enfuir plus de deux cents pas. Il succombe sous les vigoureux coups de bec que les assaillants lui appliquent sur le crâne. Pendant l'hiver, dans les hautes régions des Alpes, alors que la neige couvre le sol, cette chasse est particulièrement fructueuse pour les Corbeaux. On cite le fait de cet infortuné Lièvre qui s'était creusé dans la neige un terrier avec deux orifices, un d'entrée et un de sortie. Deux de ces Oiseaux, ayant reconnu sa présence, l'un d'eux s'engagea dans un des couloirs pour débusquer le Lièvre, l'autre l'attendait à la sortie pour lui asséner des coups de bec à la faveur du premier émoi, et le tuer avant qu'il ait eu le temps de reprendre ses esprits.

Chasse à courre. — D'autres animaux ne se laissent pas décourager par la vitesse à fuir de leur gibier ; ils comptent sur leur propre résistance à la course pour le lasser ; certains d'entre eux, d'ailleurs, combinent leur poursuite de la façon la plus intelligente pour ménager leurs forces, tandis que celles de la bête traquée vont en diminuant, jusqu'à ce que l'épuisement et la fatigue la jettent à leur merci.

Ce sont surtout les Mammifères tels que les Chiens, les Loups, les Renards qui usent de ce genre de chasse — c'est tout à fait la chasse à courre, que l'Homme s'est borné à diriger pour son propre bénéfice. Les Chiens sauvages poursuivent leurs proies, réunis en meutes immenses. Ils s'excitent les uns les autres par leurs aboiements, en même temps qu'ils effraient le gibier et paralysent à demi ses moyens. Aucun animal n'est assez agile ni assez fort pour être sûr d'échapper. Ils l'entourent et lui coupent la retraite d'une façon fort habile ; les Gazelles, les Antilopes, malgré une légèreté et une vitesse extrêmes, sont atteintes à la longue ; les Sangliers sont rapidement acculés ; leur rude défense coûte bien la vie à quelques-uns des assaillants, néanmoins ils deviennent la proie de la meute qui se rue à la curée. Même, en Asie, ces Chiens sauvages ne craignent pas d'attaquer le Tigre. Beaucoup, sans doute, sont éreintés d'un coup de patte ou étranglés d'un coup de gueule, mais la mort des camarades n'arrête ni le courage ni la convoitise des agresseurs survivants. Leur nombre est tel, d'ailleurs, que le grand fauve, envahi, couvert d'agiles ennemis qui se cramponnent à lui et le couvrent de blessures, finit par succomber.

Les Loups également chassent en bandes considérables. On connaît leur audace, lorsque la faim les presse, dans la mauvaise saison. En temps de guerre, ils suivent les corps d'armée pour attaquer les traînards et dévorer les morts. En Sibérie, ils poursuivent les traîneaux, sur la neige, avec une redoutable persévérance, et la meute n'est pas attardée par le massacre de ceux qui tombent sous les coups de feu (fig. 3). Quelques-uns seuls s'arrêtent pour manger sur-le-champ les camarades tombés, et les autres continuent l'ardente poursuite.

En dehors de ces courses brutales, les Loups semblent pouvoir combiner de véritables feintes. Parfois, c'est un couple qui chasse de concert. S'ils rencontrent un troupeau, comme ils savent bien que le Chien défendra bravement les bêtes qui lui sont confiées, qu'il est vigilant, que son odorat subtil l'amènera sur eux bien avant le berger, c'est de lui qu'ils s'occupent tout d'abord. Les deux Loups approchent en se dissimulant, puis brusquement l'un d'eux se démasque et attire l'attention du Chien, qui s'élance sur lui et le poursuit avec une ardeur telle, qu'il ne s'aperçoit pas que, pendant ce temps, le second larron a saisi un mouton et l'a entraîné sous bois. Le Chien finit par renoncer à lutter de vitesse avec le fuyard et revient à son troupeau. Alors les deux compères se réunissent et partagent la proie. Dans d'autres circonstances, c'est un Loup qui chasse avec sa femelle. Lorsqu'ils veulent s'emparer d'un Chevreuil dont la fuite robuste peut durer longtemps, l'un des deux conjoints, le mâle par exemple, le poursuit et dirige sa chasse de façon à faire passer le gibier près d'un endroit où la Louve est blottie. Celle-ci se précipite

Fig. 3. — Loups attaquant un traîneau

alors et continue la chasse pendant que le Loup se repose. C'est un véritable relais organisé. Nécessairement les forces du Chevreuil vont en s'épuisant et il ne peut résister à l'entrain que le poursuivant tout dispos déploie dans sa course; il est atteint et mis à mort. Pendant ce temps, le Loup, qui s'est approché du lieu du festin à une allure plus calme, vient réclamer sa part du butin.

Le Renard aussi use avec succès de ce procédé de chasse à courre avec relais. Du reste, il est peu d'animaux aussi féconds en ruses de toutes sortes pour s'emparer d'une proie. Constamment à rôder par les champs, il ne néglige aucune circonstance propice, et met à profit toutes les ressources que lui fournissent les dispositions des lieux, ou les habitudes du gibier qu'il recherche. Il poursuit les bêtes lassées ou blessées qu'il rencontre, et les force facilement. Trouve-t-il un terrier ? Vite il creuse un trou et tire au jour les jeunes Lapereaux, qui se croyaient bien en sûreté au sein de la terre ; il déniche les nids posés dans les broussailles, et dévore les jeunes Oiseaux. Les ruches d'Abeilles ne sont pas défendues contre sa gourmandise par les aiguillons des essaims : il se roule par terre, écrase ses assaillants ; il finit par triompher des Insectes découragés et se gorge de miel.

Les Oiseaux de proie aussi inventent d'ingénieuses

Fig. 4. — L'Autour.

combinaisons pour atteindre un bon voilier. La plupart des grands Rapaces au vol rapide, à la serre puissante, sont tellement organisés pour la chasse qu'ils n'ont point à ruser. Voir la proie, fondre sur elle, la saisir, la dévorer sont des actes accomplis en un instant, par le fait seul de leurs dispositions naturelles. C'est surtout parmi ceux qui sont moins bien doués que l'on rencontre un art véritable et des ruses fréquentes. L'Autour (*Astur palumbarum*, fig. 4) est suffisamment fort et vole assez bien pour s'emparer des petits Oiseaux ; mais afin de faire un copieux repas avec une seule prise, il s'attaque volontiers aux Pigeons. En général, la vigueur de leurs ailes les met promptement à l'abri de ses serres. Alors il s'embusque dans les environs du colombier, prêt à fondre sur ceux qui viennent picorer dans les alentours. Mais les Pigeons se méfient et, s'ils ont reconnu sa présence, ils restent blottis dans leurs demeures et ne veulent plus sortir. Dans ce cas, on a parfois constaté que l'Autour, volant doucement, vient se poser au sommet du colombier, et là, battant violemment des ailes, il frappe la toiture à coups précipités. Effrayés, ahuris par ce roulement insolite, les habitants s'élancent au dehors, et le Rapace peut alors profiter de leur alarme pour s'emparer de l'un d'eux.

Le Pseudaète d'Espagne est, lui aussi, obligé de recourir à un détour pour forcer les bons voiliers. Il détruit aisément les Poules et leur fait même une telle chasse que, en Espagne, dans certaines fermes isolées, on a dû renoncer à élever ces Oiseaux, à la suite de ses trop nombreuses déprédations. Pour saisir les Pigeons, ce n'est plus aussi simple. Généralement, deux Pseudaètes se réunissent pour attaquer une de leurs bandes. L'un des agresseurs feint de vouloir les saisir par dessous. Cette manière de faire est fort insolite, car les Oiseaux de proie s'élèvent toujours au-dessus du gibier, pour fondre sur lui. Aussi les Pigeons sont-ils désorientés, et ils redoutent d'autant plus cette manœuvre qu'elle est plus inaccoutumée. Pendant cette minute de désarroi, le second Pseudaète a passé inaperçu au-dessus d'eux, plongé au milieu et saisi un Oiseau : nouvelle panique dont le premier Rapace profite pour s'élever rapidement à son tour et faire une seconde victime.

Luttes qui terminent la chasse. — Il ne suffit pas toujours au chasseur d'avoir trouvé un gibier et de l'avoir joint. S'il est de grande taille, il peut tenir tête à l'assaillant, et la poursuite se termine par une violente lutte où il faut joindre l'adresse et la ruse à la force pour triompher.

Le Pygargue de l'Amérique du Nord *(Haliaetos barbatus)* s'embusque sur un rocher au bord d'un fleuve et attend le passage d'un Cygne. Cet Aigle est intrépide et fort; mais le Palmipède est vigoureux et, d'ailleurs, inférieur dans l'air, il peut retrouver un avantage sur l'eau et échapper à la mort en plongeant. Le Pygargue connaît cet avantage, aussi oblige-t-il le Cygne à se tenir sur ses ailes en l'attaquant par-dessous et le frappant au ventre sans relâche. Celui-ci affaibli par son sang qui coule, obligé de voler, ne pouvant s'abaisser vers l'eau sans trouver le bec acéré qui le frappe, succombe dans ce combat inégal.

L'Oiseau qui déploie les qualités les plus remarquables et se livre à une véritable escrime dans cette lutte qui doit couronner la chasse, c'est le Serpentaire, *Gypogeranius reptilivorus* (fig. 5). Il est d'autant plus intéressé à frapper sans se laisser toucher que les crochets dont la plupart de ses proies sont armées pourraient du premier coup lui faire une blessure mortelle. Dans le sud de l'Afrique il poursuit tous les Serpents, même les plus venimeux. Averti par son instinct du redoutable ennemi qu'il vient de rencontrer, le Reptile cherche tout d'abord son salut dans la fuite; le Serpentaire le suit à pied, et l'ardeur de la course ne l'empêche pas d'être constamment en garde. C'est que brusquement, se voyant sur le point d'être atteint, le Serpent se détourne et fait face, prêt à user de ses

armes défensives. L'Oiseau s'arrête, replie une de
ses ailes pour se protéger les jambes et les parties
inférieures du corps. C'est un véritable duel qui

FIG. 5. — Le Serpentaire.

commence. Le Serpent s'élance sur son ennemi
qui, à chaque fois, pare en tendant le bout de son
aile ; les crochets s'enfoncent dans les grandes
plumes qui la terminent et y déposent leur venin

sans produire naturellement aucun effet. Pendant ce temps, de son autre aile, le Serpentaire frappe à coups redoublés le Reptile qui, enfin étourdi, roule sur le sol. Rapidement, le vainqueur lui enfonce son bec dans le crâne, lance sa victime en l'air et l'avale.

Chasse avec des projectiles. — On a assez souvent répété que l'Homme seul était intelligent assez pour utiliser en guise d'armes des objets extérieurs; pierre, bâton, etc., à plus forte raison disait-on que lui seul était capable de frapper de loin avec un projectile. Cependant, des êtres assez inférieurs, des Poissons, nous montrent une extrême habileté dans l'art d'atteindre à distance une proie. Plusieurs agissent de cette sorte. C'est d'abord le Toxote (*Toxotes jaculator*), qui vit dans les rivières de l'Inde. Il fait sa principale nourriture des Insectes errant sur les feuilles des plantes aquatiques. Attendre qu'ils tombent à l'eau naturellement ne donnerait lieu qu'à une très maigre pitance. S'élancer jusqu'à eux d'un bond est fort difficile, d'autant que le fracas de l'eau les ferait fuir hors de portée.

Le Toxote a mieux que tout cela. Il hume une goutte d'eau et, contractant la bouche, il la projette avec tant de force et de sûreté qu'il manque rare-

Fig. 5. — Le Toxote.

ment le but choisi et fait tomber dans la rivière tous les Insectes qu'il veut (fig. 6).) D'autres animaux lancent aussi hors d'eux des liquides variés, quelquefois pour l'attaque, mais surtout pour la défense. Les Céphalopodes, par exemple, émettent leur encre qui trouble l'eau et leur permet de fuir. Certains Insectes laissent exsuder des liqueurs âcres ou fétides; mais dans tous ces cas et dans tous les autres semblables, l'animal tire de son organisme même une sécrétion quelconque qui se trouve, par hasard, être plus ou moins utile à sa conservation. La façon d'agir de notre Toxote est autre chose. C'est un corps étranger qu'il recueille, c'est une victime déterminée qu'il ajuste et qu'il frappe; ses mouvements sont admirablement coordonnés pour un effet précis à obtenir.

Un autre Poisson de Java, le *Chelinous*, agit aussi de cette manière. Il vit en général dans les estuaires. Ce sont donc des gouttes d'eau saumâtre qu'il recueille et projette en fermant les ouïes et contractant la bouche ; il peut ainsi frapper une Mouche à une distance de plusieurs pieds. En général il vise assez bien pour l'atteindre du premier coup, mais quelquefois il la manque. Alors, ce qui montre que ous ces actes ne sont pas des mouvements de machine bien montée, il recommence jusqu'à ce qu'il ait réussi. Il sait ce qu'il fait, ce qu'il doit produire et si le résultat espéré n'arrive pas, il persévère jusqu'à ce que l'Insecte soit tombé. Ces faits sont complètement hors de doute ; les Chinois de Java conservent ces curieux Poissons dans des bocaux et ils s'amusent à leur faire répéter indéfiniment ce petit exercice ; de nombreux observateurs y ont assisté et les ont signalés.)

Circonstances particulières mises à profit. — Dans les divers genres de chasse que nous venons de passer en revue, il est sûr que la plupart du temps les animaux en usent toujours à peu près de la même façon. Si l'un a combiné une feinte qui lui réussit, il ne l'abandonne pas et la reproduit tant qu'elle peut être efficace. Cependant, lorsque les conditions viennent fortuitement à changer, on voit combien ils sont prompts à en tirer parti et à quel point tous ces actes dérivent de la réflexion. On s'en rend d'autant mieux compte que la circonstance favorable est plus accidentelle, plus imprévue, et qu'il n'est pas possible de considérer les animaux comme accoutumés à en profiter.

Dans les sauvages régions de l'Afrique, il arrive que, par une raison quelconque, à la suite d'un coup de foudre peut-être, d'immenses forêts, des halliers touffus, des plaines couvertes d'herbes hautes deviennent la proie de gigantesques incendies, qui se propagent tant qu'il y a sur leur chemin un aliment pour la flamme. Une chaleur de fournaise s'élève au-dessus et alentour, une âcre fumée voile tout, les animaux se sauvent épouvantés devant le fléau. Les voyageurs, qui ont été les témoins de ces scènes grandioses, insistent volontiers sur les paniques qui se produisent alors, et montrent le Lion inoffensif fuyant au milieu d'un troupeau de Gazelles. Tous sont effarés par la même crainte parce que tous courent un égal danger. Mais les Oiseaux, que leurs ailes peuvent à volonté emporter loin du brasier, conservent plus de sang-froid et profitent de la calamité publique et de l'émoi général pour faire heureuse chasse et copieuse bombance. On voit les Rapaces voler au-devant du feu et saisir de faciles victimes. Le *Mélittothère* d'Afrique est un des plus enragés chasseurs à l'incendie. Des légions d'Insectes s'enfuient loin des hautes herbes séchées, des nuées d'Oiseaux sont arrivées qui se précipitent sur eux. Ils les poursuivent avec une incroyable audace à travers la fumée, tout auprès des flammes et savent toujours se retirer à temps pour n'être point roussis.

Un Corbeau qui habite l'Inde, l'*Anomalocorax splendens,* jouit d'une réputation méritée d'astuce et ne laisse échapper aucune occasion sans la saisir aux cheveux. En temps ordinaire sa nourriture se compose de choses très variées : Écrevisses, Insectes, Vers, etc. ; mais aperçoit-il au loin une fumée qui monte, immédiatement il abandonne ses petites recherches, sachant qu'il a mieux à faire là-bas. Point égoïste, il appelle quelques camarades et tous vont se poster pour attendre les événements. Ils savent fort bien quels rapports il y a entre cette fumée et ce qu'ils convoitent. Le feu qu'elle trahit, dans ces chauds pays, ne peut avoir d'autres raisons d'être que la cuisson des aliments. Une famille d'Hindous est, en effet, installée et prépare son repas. Les Corbeaux regardent tout cela et observent. Les Hindous ont coutume de lancer au dehors les débris de leurs aliments et les Anomalocorax, qui ne sont accourus de loin et n'ont patiemment atten-du que ce dénouement, se précipitent alors à la curée.

Tennent raconte le singulier tour joué à un Chien par deux *Anomalocorax* de Ceylan. Ce quadrupède rongeait un os, sans se laisser distraire de la pure jouissance de sucer une moelle dont il était légitime propriétaire. Un Corbeau s'approcha de la table du festin et se mit en tête de s'en emparer ; il commença par sautiller autour du Chien, allant, venant, essayant d'attirer l'attention et prêt à profiter de la première distraction. Ses gambades restant sans effet, il comprit qu'il n'arriverait pas à ses fins, et s'envola à tire d'aile ; mais c'était pour revenir accompagné d'un ami, aussi peu respectueux que lui de la propriété d'autrui. L'associé vint se percher sur une branche à quelques pas de là, tandis que le premier Anomalocorax renouvelait ses tentatives en voletant autour de l'os et du Chien ; celui-ci continuait à demeurer impassible. Alors le second personnage, dont le rôle était jusqu'ici resté assez contemplatif, quitta sa branche, fondit sur le Chien et lui allongea par derrière un formidable coup de bec. Saisi d'indignation, celui-ci se retourna pour punir l'auteur de cette agression injustifiée ; mais l'Oiseau s'envolait déjà loin ; et pendant ce temps, de l'autre côté, le premier Corbeau s'emparait de l'os si longtemps convoité et prenait le large. Inutile de dire si le Chien fut penaud de voir à la fois sa vengeance et son repas s'évanouir en l'air.

Au demeurant tous les Oiseaux de cette famille savent se tirer d'affaire ; nous avons déjà parlé de certaines chasses du Corbeau : on dit même qu'en Islande il sait apprécier quand une Brebis est sur le point de mettre bas, et qu'il guette cet instant avec une prodigieuse patience. Dès que l'Agneau apparaît, maître Corbeau fond sur lui, et lui enlève les yeux pour les dévorer.

Qui ne se souvient d'avoir, en son temps de pensionnaire, admiré l'intelligence des *Choucas*, qui nichent dans une vieille tour ou dans un vieux clocher. Ils savent distinguer suivant l'heure ce que signifient les différentes cloches de la pension. La plupart de ces tintements ne les émeuvent pas et ils continuent de vaquer à leurs affaires sans y prendre garde. Leur attention n'est attirée que par les sonneries qui marquent le commencement et la fin des récréations. Au son des premières ils s'enfuient tous et abandonnent les cours, avant même qu'un seul élève y ait encore apparu. Celles qui marquent la fin, les invitent au contraire à descendre en bande pour recueillir les miettes du goûter. Ils arrivent très pressés pour profiter les premiers de la curée et n'attendent même pas que la place soit abandonnée ; ils savent très bien que les jeunes gens qui s'y trouvent encore ne sont plus à redouter, n'ayant pas le temps de s'occuper d'eux et qu'ils ont hâte de disparaître.

Dans cet ordre de faits, il en est un certain nombre que l'on peut considérer comme empreints de plus d'habitude, et marquant moins peut-être de réflexion spontanée. C'est par exemple la coutume qu'ont les Requins et les Mouettes de suivre les navires.

Dans les mers où les Squales sont abondants, un d'eux, quelquefois plusieurs s'attachent à un navire et ne le quittent plus ni jour, ni nuit. On croit souvent qu'il ne sont pas là ; mais si on lance un objet quelconque à la mer on voit l'eau s'entr'ouvrir et la nageoire d'un des monstres apparaît à la surface ; tout ce qui tombe du bord disparaît dans leur large gueule, débris de cuisine, bouteilles, etc. Lorsqu'on jette un mort à la mer il a rarement le temps d'arriver au fond avant d'être saisi et tranché par le Requin; les Hommes vivants qui tombent à l'eau ont les plus grandes peines à leur échapper, et souvent on les hisse horriblement mutilés et à demi morts.

Les Mouettes aussi suivent les bâtiments lorsqu'ils approchent de la côte. C'est au contraire un joyeux spectacle de voir leur bande criarde animer la splendide monotomie de la mer ; elles arrivent dès que le navire passe à un jour ou deux de la terre. Dès lors elles ne le lâchent plus, volent derrière lui, en criant, plongent dans le sillage, profitent du trouble qu'a produit la gigantesque machine pour capturer les Poissons étourdis, et le spectacle se reproduit des heures et des heures toujours le même.

C'est juste le même genre de chasse que font à terre les Freux, les Corneilles, les Pies, qui suivent pas à pas la charrue, pour s'emparer des Vers que le soc a tirés de la terre fraîche ouverte. En automne ils couvrent les guérets, animés, actifs, picorant à mesure que le sillon se creuse.

Certains Rapaces malhabiles à la chasse, et en particulier les Milans, compensent leur maladresse par une impudente audace. Constamment à l'affût des meilleurs chasseurs, comme le Faucon, ils se précipitent sur lui dès qu'il vient d'enlever une proie. Le fier Oiseau quoique beaucoup plus courageux, plus fort et plus adroit que ces larrons la leur abandonne en général, soit que sa charge l'embarrasse pour la lutte, soit qu'il sache devoir en retrouver aisément une autre. D'ailleurs ces détrousseurs de l'air se réunissent souvent plusieurs pour s'emparer d'un gibier déjà pris et tué, tout prêt à être mangé.

Chez d'autres animaux il s'est formé une véritable habitude d'une circonstance spéciale. Comme cas extrême dans cet ordre de choses, on rencontre les parasites, dont certains ne peuvent vivre en dehors d'un hôte déterminé et sont même absolument transformés par ce genre de vie. Mais entre eux et les chasseurs indépendants viennent se placer des intermédiaires extrêmement nombreux, et dont il suffit de citer quelques-uns.

Le *Fierasfer*, un petit Poisson de la Méditerranée, s'installe dans l'intérieur d'une Holothurie et y prend pension; il ne vit point au dépens de la chair de son hôte; mais se contente de prélever un tribut sur les aliments qui entrent dans sa cavité. C'est un cas de commensalisme ; le règne animal en fournit de très nombreux exemples. On peut à ces faits en rattacher d'autres qui sont plus éloignés encore du parasitisme. C'est par exemple le cas des Oiseaux qui débarrassent les grands Mammifères de leur vermine.

Fig. 7. — Les Pique-Bœufs.

L'un d'eux, l'*Alecto à bec rouge* ou Oiseau des Buffles, vit en Abyssinie. Cet Oiseau est insectivore. Il a remarqué que ces Ruminants constituent de véritables appâts pour les Mouches, aussi il ne les quittent plus, sautille sur leur dos et les délivre des parasites agaçants ; les Buffles qui reconnaissent ce service laissent l'Oiseau errer tranquillement sur leur peau (fig. 7).

Le *Buphaga erythrorhincha* qui se livre exclusivement à ce genre de chasse désigné souvent sous le nom de *Pique-Bœufs*. On ne le trouve jamais que dans la société des troupeaux de Chameaux, de Buffles ou de Bœufs. Il s'abat sur le dos, sur les jambes, sur le museau de ces appâts vivants. Ils restent immobiles même quand le Pique-Bœufs leur ouvre la peau pour retirer une larve de Mouche ; ils connaissent le mieux qui se produit à la suite de cette petite opération. La patience que les Bœufs témoignent en cette circonstance leur vient bien de l'accoutumance. On remarque en effet que les troupeaux qui ne sont pas habitués à ces Oiseaux manifestent un grand effroi lorsqu'il les voient arriver et se préparer à s'abattre sur eux ; ils ressentent même une telle émotion devant cet agresseur chétif, qu'ils prennent la fuite à toutes jambes.

Parfois on ne se rend pas compte de l'intérêt que présentent pour certains animaux les circonstances spéciales dans lesquelles on les rencontre toujours. C'est ainsi, par exemple, qu'un Poisson, le Cernier (*Polyprion cernium*), accompagne les épaves sur lesquelles se sont fixés des Anatifes. Cependant on ne trouve jamais dans son estomac de débris de ces Crustacés, on acquiert, au contraire, la preuve qu'il se nourrit exclusivement d'autres petits Poissons. Il est possible que ceux-ci trouvent leur nourriture dans les débris du bois flotté aux dépens des Anatifes, et c'est pourquoi le Polyprion qui les chasse, est toujours auprès d'une épave ainsi garnie.

Procédés pour tirer parti du gibier capturé. — Souvent tout n'est pas fini pour l'animal lorsqu'il s'est rendu maître de sa proie. Avant d'en faire son repas il lui faut encore combiner un moyen pour en tirer parti, soit parce que les organes comestibles sont enfermés dans une coque dure qu'il ne peut briser avec ses organes, soit parce qu'il a capturé un être qui s'enroule en boule et se hérisse de piquants, etc. Voici quelques-unes des plus curieuses pratiques usitées dans ces différents cas.

Tantôt il s'agit d'emporter un fruit rond qui n'offre aucune saillie pouvant servir de prise. Le Melanerpes, à tête rouge (*Melanerpes erythrocephalus*) de l'Amérique du Nord, est très friand de ce fruit, et s'en nourrit en même temps que de cerises. Il lui faut un assez long temps pour absorber une pomme et, comme il se rend bien compte du danger qu'il y a pour lui à prolonger son séjour dans un verger, il veut emporter son larcin en lieu abrité et sûr. Il enfonce vigoureusement son bec ouvert dans la pomme ; les deux mandibules entrent séparément et le fruit est bien fixé ; il le détache et s'envole jusqu'à la retraite qu'il a choisie.

Pour utiliser une trouvaille, les Singes sont fort habiles. Les noix de coco sont assez dures à ouvrir, mais ils n'en perdent aucune partie ; ils l'épluchent d'abord en arrachant avec les dents l'enveloppe fibreuse ; puis ils agrandissent avec les doigts les trous naturels et boivent le lait. Enfin, pour s'emparer de l'amande, ils frappent la noix sur un objet dur, exactement comme ferait l'Homme. Les Cynocéphales dont le courage est prodigieux, puisqu'ils luttent en bande contre des meutes de Chiens ou même contre un Léopard, sont aussi très prudents et très adroits. Ils savent que le courage ne sert à rien contre les crochets d'un Serpent venimeux et que le mieux est de ne pas être mordu. Le Scorpion, dont la piqûre est perfide, leur inspire aussi une légitime défiance. Cependant, comme ils le mangent volontiers, ils cherchent à s'en emparer. Au reste, ce n'est pas très difficile, si on observe bien ses mouvements, et on peut, comme je l'ai fait maintes fois, le saisir brusquement par la queue sans être piqué. Les Singes emploient ce procédé, lui arrachent son aiguillon et croquent à belles dents l'Arachnide désormais inoffensif. Ils aiment aussi les Fourmis, mais craignent de se faire mordre par elles ; lorsqu'ils veulent s'en régaler, ils placent leur main ouverte sur une fourmilière et ne bougent plus tant qu'elle n'est pas couverte d'Insectes. A ce moment, ils peuvent les absorber d'un seul coup sans rien avoir à redouter.

On ne croirait pas qu'un animal aussi bien défendu que le Hérisson puisse devenir la proie du Renard. Roulé en boule, hérissé de durs piquants qui blessent cruellement la bouche de l'assaillant, rien ne peut le faire se dérouler tant qu'il suppose l'ennemi dans le voisinage. On a beau le frapper, le frotter par terre, tout lui est indifférent : il reste sur la défensive armée. Une seule circonstance l'émeut au point de lui faire quitter sa prudente posture, c'est de se sentir dans l'eau, ou même simplement d'être mouillé. Le Renard est au courant de ce trait de mœurs. Aussi, dès qu'il a capturé un Hérisson, le roule-t-il jusqu'à la mare la plus voisine pour l'étrangler dès qu'il sortira la tête. Il peut arriver qu'il n'y ait pas aux alentours de flaque propice pour ce bain ; on dit que, dans ce cas, le Renard n'est pas embarrassé pour si peu, et tire de son propre fonds de quoi humecter le Hérisson.

La combinaison se complique et se rapproche davantage des procédés employés par l'Homme, lorsque l'animal se sert de corps étrangers, en guise d'outils ou comme de points d'appui, pour arriver à ses fins.

Un Serpent bien embarrassé est celui qui a avalé un œuf entier avec la coquille ; il ne peut le digérer dans cet état et les muscles de son estomac ne sont point forts assez pour le briser. La Couleuvre se trouve souvent dans ce cas. Alors elle a coutume de se frapper le corps contre des objets durs, ou de s'enrouler autour d'eux, jusqu'à ce qu'elle ait rompu l'enveloppe des œufs qu'elle contient.

Il serait paradoxal d'attribuer aux Batraciens une grande intelligence ; on rapporte cependant certains faits qui les montrent capables de réflexion. Entre autres, on cite le cas d'une Grenouille verte qui s'était emparée d'une petite Grenouille rousse et qui se proposait de la déglutir. L'autre, naturellement, s'opposait à la réalisation de ce projet et se débattait avec énergie. Voyant qu'elle n'en viendrait pas à bout, la Grenouille verte se dirigea vers un tronc d'arbre et, tenant toujours sa victime, la frappa sur lui un grand nombre de fois avec vigueur. Elle finit par l'étourdir et put alors l'avaler à son aise.

Les Gastéropodes ne sont pas toujours protégés par leurs tests calcaires, pas plus que les Tortues par leurs carapaces ; car certains Oiseaux savent très bien s'y prendre pour les briser. Les Corbeaux laissent tomber d'une grande hauteur des coquilles d'escargots et s'emparent ainsi du contenu.

Le plus célèbre des briseurs de coquilles est le *Gypaète (Gypaetos barbatus)*. Ce Rapace, très commun en Grèce, ne se nourrit pas de grosses proies. S'il lui arrive parfois d'enlever une Poule, c'est plutôt exceptionnel, il se repaît plus volontiers de charognes ou d'os, débris d'un festin d'Homme ou de Vautour. Il s'élève très haut, portant ces os dans ses serres et les laisse retomber sur une pierre, et en avale les morceaux après avoir absorbé la moelle. Il est aussi assez friand de Tortues et il use du même procédé pour briser les carapaces et manger les parties molles. Ces faits ont été reconnus à maintes reprises par les naturalistes les plus dignes de foi. On dit même que, en Grèce, chaque Gypaète a fait choix d'un rocher sur lequel il vient toujours exécuter les Tortues qu'il a capturées. C'est, sans doute, au-dessous d'un de ces Oiseaux occupé à ce travail qu'un malencontreux hasard conduisit Eschyle ; l'animal, lâché d'une grande hauteur, lui tomba sur la tête et lui fendit le crâne.

Ni le bec ni les serres de la Pie-Grièche *(Lanius excubitor)* ne sont assez forts pour lui permettre de déchirer facilement ses captures. Lorsqu'elle n'est pas trop pressée par la faim, elle s'installe d'une façon confortable pour ce dépeçage, pique sur une épine ou sur une branche pointue la victime qu'elle vient de faire et, quand elle l'a ainsi fixée, la dévore aisément par lambeaux.

L'Écorcheur *(Enneoctonus collurio)* use encore, d'une façon plus fréquente, de ce procédé. Il se fait même un petit garde-manger avant de festiner. On voit ainsi sur une branche épineuse, embrochés côte à côte, des Coléoptères, des Grillons, des Sauterelles, des Grenouilles, jusqu'à de tout jeunes Oiseaux, dont il s'est emparé au moment où ils venaient de prendre leur essor.

De tous les faits bien constatés, celui qui montre peut-être le mieux combien les animaux, dans certaines circonstances, peuvent tirer parti d'un objet étranger pour utiliser le produit de leur chasse, est le suivant, dont l'observation est due à Parseval-Deschênes. Il suivait depuis plusieurs heures une Fourmi portant un pesant fardeau. Arrivé au pied d'un petit monticule, l'animal ne put jamais parvenir à le franchir avec sa charge. Il l'abandonna, fait bien extraordinaire pour qui connaît l'inconcevable ténacité des Insectes. Aussi l'abandon n'était-il pas sans espoir de retour. La Fourmi finit par rencontrer, à quelques pas de là, une de ses compagnes qui, elle aussi, portait un fardeau. Elles s'arrêtèrent, se concertèrent un instant en entre-choquant leurs antennes et reprirent le chemin du monticule. La seconde

Fig. 8. — L'Écorcheur.

Fourmi déposa son fardeau, puis toutes deux ensemble saisirent une brindille, et introduisirent son extrémité sous la première charge, qui avait dû être abandonnée à cause de son poids. En agissant sur l'extrémité libre de la brindille, elles s'en servirent exactement à la façon d'un levier, et parvinrent presque sans peine à faire passer leur butin de l'autre côté du petit tertre. Il me semble que ces Fourmis qui ont inventé le levier sont dignes d'admiration, et leur ingéniosité ne le cède point à la nôtre.

Guerre et brigandage. — Lorsque les Hommes s'attaquent à des animaux d'espèces différentes de la leur, soit pour les tuer et se repaître de leur chair, soit pour leur voler les provisions qu'ils ont amassées pour eux ou leur petits, cela s'appelle la chasse et est considéré comme tout à fait légitime.

Lorsque les Hommes s'adressent à des êtres de leur espèce pour les tuer ou les dépouiller, il y a lieu de distinguer plusieurs cas. Si les assaillants sont en petit nombre, on désigne ce fait sous le nom de brigandage, et il est tout à fait répréhensible; mais si les assaillants et les assaillis sont en nombre considérable, l'action est plutôt appelée guerre, et l'on n'a plus de réprobation pour elle.

Parmi les animaux comme parmi nous il y a des chasseurs; nous venons de voir leurs divers procédés; mais il y a aussi des brigands et des guerriers, et notre supériorité, même dans cet ordre de choses, n'est pas aussi absolue qu'on pourrait le croire.

Indépendamment du brigandage banal, formes brutales et simples de la concurrence vitale, et qui se manifestent à chaque fois que deux animaux se trouvent en face d'un seul repas, il y a des faits intéressants à signaler, où les détrousseurs agissent d'une façon que l'Homme ne désavouerait point. Il est bon de remarquer que ce sont les animaux les plus sociables qui nous fournissent les exemples les plus caractérisés.

Les Abeilles ont un juste renom d'Insectes honnêtes et laborieux; il y en a pourtant qui s'écartent du droit chemin, et alors ce n'est pas à moitié. Parmi les Hyménoptères, les fainéants professent la théorie que le pollen est à toutes les Abeilles, et que le miel mis en réserve ne constitue pas une propriété. Aussi pour protester contre le travail et l'économie, procédés sournois employés par quelques-uns pour utiliser à leur profit particulier des ressources que la nature a faites pour tous, prennent-ils le parti de dévaliser les Insectes récoltants, et d'enlever pour eux le pollen que les autres avaient eu l'audace d'aller chercher sur les fleurs. Celles-ci n'appartiennent-elles pas à tous ceux qui ont des ailes? Les Abeilles, comme

on le voit, sont initiées aux derniers perfectionnements apportés dans les idées sociales des Hommes.

Pour arriver à leurs fins, ces Hyménoptères subtils
emploient la ruse et cherchent à se faire passer pour
des travailleurs, toujours comme les Hommes. Elles
se placent aux abords d'une ruche, et lorsqu'une
ouvrière arrive chargée de sa récolte, elles s'avancent
vers elle, la flattent de leurs antennes, s'emparent de
son pollen, comme pour la débarrasser d'un fardeau,
puis filent à tire d'aile vers leur propre ruche.

D'autres ont des procédés moins politiques. Quelques-unes réussissent à se faufiler dans une ruche mal
gardée, et se gorgent d'un miel sur lequel elles n'ont
aucun droit. A la suite de ce succès, elles amènent des complices ; une véritable bande de brigands s'organise, et ils n'ont plus d'autre industrie
que de s'emparer du miel tout fabriqué, pour en
remplir leurs propres alvéoles. Leurs audacieuses
entreprises ne sont pas toujours couronnées de
succès ; ils sont repoussés des ruches populeuses et
bien vivantes ; mais ils réussissent à s'imposer aux
plus faibles. Parfois ils opèrent avec violence, et, pour
réduire un essaim, ils se ruent d'abord en masse sur la
reine et la tuent à coups d'aiguillons. Déconcertées
par cette mort, les Abeilles laissent alors le pillage
s'étendre dans leur demeure, les alvéoles sont

dévalisées de fond en comble. Même dans certains cas, les propriétaires dépouillés, envahis à leur tour par cette folie de rapines, finissent par se mettre de la partie et emportent leur miel dans la maison des bandits. Ils unissent désormais leur fortune à la leur, et partagent leur vie aventureuse et facile de condottieri.

Expéditions pour acquérir des esclaves. — Pour réduire ses semblables en esclavage, il semble tout d'abord qu'il faille une intelligence aussi développée que celle de l'Homme.

Il s'agit en effet d'attaquer des êtres presque aussi bien doués au point de vue intellectuel et physique. L'entreprise présente évidemment toutes les difficultés possibles; mais en cas de succès, le résultat atteint dédommage des pénibles efforts. Le maître peut dès lors ne plus s'inquiéter d'aucun travail, puisqu'il possède un outil susceptible de tout faire aussi bien que lui-même, puisque, par le langage, il peut facilement imprimer sa volonté sur les actes de l'autre; un animal différent domestiqué n'est qu'un auxiliaire, l'esclave remplace entièrement son propriétaire dans tous les travaux.

Plusieurs espèces de Fourmis se procurent ainsi des esclaves. La plus connue d'entre elles est le *Polyergus rufescens*. Nous verrons dans un autre chapitre de quelle façon elles en tirent parti, et quels rapports elles ont avec eux. Maintenant, disons seulement comment elles se les procurent. Les expéditions qu'elles organisent à cet effet ne sont pas autre chose qu'une chasse perfectionnée, d'abord par la manière dont elle est conduite, puis par le résultat qu'elle doit fournir. Il ne s'agit plus en effet de saisir brutalement une proie pour la dévorer sur le champ. La capture doit être ménagée, emportée vivante et à un état tel qu'elle n'ait point encore connu la libre vie et puisse s'accoutumer à la condition nouvelle qui lui est réservée. Lorsque des *Polyergus* ou Fourmis Amazones désirent augmenter leur bande d'esclaves, on remarque aux abords du nid une extrême agitation. Elles sortent toutes pêle-mêle, à la débandade; mais ce désordre n'est que de peu de durée, elles s'alignent bientôt en véritable colonne régulière et serrée, plus ou moins longue suivant l'importance de la fourmilière : on en a trouvé qui mesuraient plus de 5 mètres de long sur 15 centimètres de large. Les Amazones avancent en changeant souvent de direction, comme un chien qui cherche une piste : c'est justement à cela qu'elles sont occupées; elles flairent le sol avec leurs antennes pour reconnaître par l'odorat des traces de *Formica fusca*. Dans cette marche s'accuse l'instinct éminemment républicain des Fourmis. La bande n'a point de chef, les *Polyergus* qui se trouvent en tête cheminent en flairant, ce qui ralentit leur allure ; aussi sont-elles bientôt dépassées par celles des rangs suivants. Peu à peu elles arrivent à la queue ; et cela se produisant pendant toute la durée de la marche, une Fourmi détermi-née occupe dans la colonne tantôt une place en avant tantôt au milieu, tantôt en arrière. Au bout d'un temps plus ou moins long le corps expéditionnaire rencontre une piste ; il la suit alors jusqu'au nid de *Formica fusca*. L'alarme est bientôt donnée dans la fourmilière menacée ; on annonce l'approche de la bande des esclavagistes ; toutes aussitôt se précipitent dehors, les unes se portent au devant de leurs redou-tables adversaires, les autres saisissent entre leurs mandibules les nymphes et les œufs, s'enfuient dans toutes les directions, pour sauver le plus grand nom-bre possible de leur progéniture, et la soustraire aux *Po-lyergus*. Les petites Fourmis tâchent avec leurs charges de grimper au sommet des brins d'herbe ; celles qui réus-sissent à le faire sont en sûreté avec l'œuf qu'elles emportent, car les Amazones ne grimpent pas. Cependant un combat à outrance s'engage aux abords du nid entre les *Formica fusca*, qui ont opéré leur sortie, et les esclavagistes. Lutte inégale, parce que celles-ci sont armées de formidables mandibules, robustes, acérées et portées par une grosse tête aux muscles puissants; les défenseurs du nid sont saisis, mis hors de combat, s'enfuient découragés, et les agresseurs forcent l'entrée de la demeure. Aussitôt ils se précipitent dans l'intérieur, s'emparent des larves et des nymphes, et reviennent au jour en les tenant entre leurs mandibules. Les *Polyergus* fuient au plus vite, se débarrassent ocmme ils peuvent, et sans lâcher leur capture, des parents dépouillés qui essaient de sauver leur progéniture. La bande revient au nid par le chemin qu'elle a suivi pour l'aller, bien qu'il ne soit pas le plus court, ces Insectes semblent manquer du sens de la direction et se guident par l'odorat, refaisant en sens inverse tous les crochets de la recherche. La marche est ralentie par le poids du butin (fig. 9) et chacun chemine un peu à sa fantaisie, sans plus respecter le bon ordre du départ. Les Fourmis finissent par regagner leurs pénates. Les esclaves, prévenus du retour de l'armée victorieuse, se précipitent à sa rencontre, débarrassent les arrivants de leur fardeau, et même quelques-uns, pour faire du zèle, emportent à la fois leur maître et sa charge. Les nymphes transportées dans la fourmilière seront désormais soignées par leur congénères esclaves, les *Polyergus* ne s'en occupent plus.

Guerres des Fourmis. — Sociables comme l'Homme,

les Fourmis ont des mœurs qui présentent avec les siennes plus d'un rapport. Les expéditions pour trouver des esclaves sont du nombre ; les guerres que ces Insectes se livrent ressemblent aussi beaucoup aux

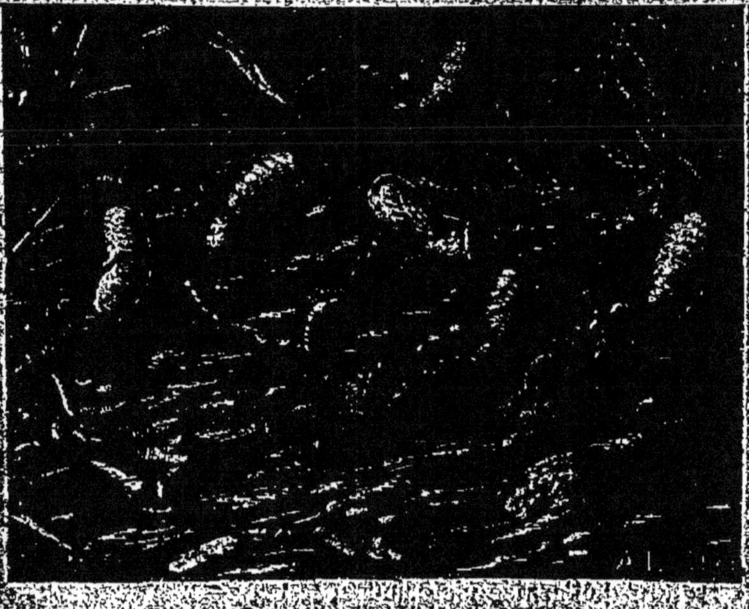

Fig. 9. — Retour d'une expédition d'esclavagistes.

guerres humaines. Les causes de la querelle sont de diverses natures ; le plus souvent elles résultent directement du voisinage de deux fourmilières. Les colonies rivales se rencontrent toujours dans les mêmes parages, cherchant les mêmes matériaux ; la concurrence qu'elles se font mutuellement tend les rap-

paix entre elles. Il arrive un moment où l'une est décidément de trop. Pendant cette période, presque une crise diplomatique, on remarque dans les camps ennemis une grande agitation, des allées et venues

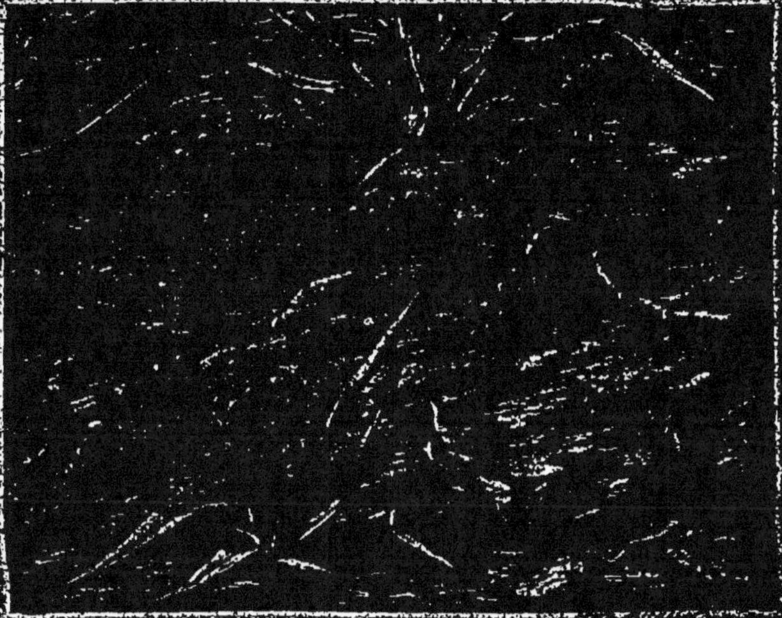

Fig. — Combat dans un champ de bataille.

continuelles. Enfin, un beau jour, à la suite d'un cas inconnu, *casus belli* mystérieux, ou déclaration de guerre, deux véritables armées se sont mises en marche l'une contre l'autre. Elles s'avancent en colonnes serrées; pourtant les Fourmis n'ont pas la même tac- tique, les unes se déploient sur une ligne de peu d'épaisseur, les autres se forment en carré. Au reste, dès que l'action est engagée, l'individu reprend tous ses droits. C'est une série de duels, de luttes acharnées corps à corps. Les pattes sont coupées, les têtes tranchées à coups de mandibules, les abdomens éventrés, une fureur sans exemple anime les combattants, rien ne peut les déranger de la bataille (fig. 10). Bientôt la victoire demeure aux plus acharnés ou aux plus vigoureux, les vaincus se replient, emportent tant qu'ils le peuvent leurs blessés et leurs morts: et l'on ne voit plus sur le champ du carnage que les membres séparés du tronc, ou les têtes qui jonchent le sol, comme une multitude de petits points noirs. Souvent l'inimitié n'est pas éteinte après un engagement, et il faut plusieurs défaites pour que la fourmilière la plus faible soit détruite ou forcée d'émigrer.

CHAPITRE II

MOYENS DE DÉFENSE

Fuite. — Feinte. — Résistance en commun des animaux sociables. — Sentinelles.

En étudiant le règne animal comme nous le faisons, c'est-à-dire en passant en revue les diverses manifestations de la vie des êtres, nous sommes amenés nécessairement à trouver des industries qui en contrarient d'autres. Nous venons de voir les divers modes de chasse; mais l'attaque appelle la défense. Dans la lutte pour la vie, il y a action des êtres sur d'autres êtres et réaction de ceux-ci; le résultat final est l'expression de la différence entre les deux, suivant que l'une ou l'autre est la plus forte.

Fuite. — De même que le mode d'attaque le plus rudimentaire est la poursuite brutale, de même aussi le moyen de défense le plus simple et le plus naturel est la fuite; mais si les animaux très rapides à la course comme les Lièvres, les Gazelles, les Chevreuils peuvent échapper avec la seule préoccupation de fournir leur vitesse maximum, il n'en est pas toujours ainsi, et certaines espèces apportent dans la fuite des perfectionnements appropriés aux circonstances, et font de ce moyen de défense un art véritable.

De tous les animaux, celui qui dirige le mieux sa fuite est le Singe. Il est hors de doute que dans son intelligence on peut retrouver les rudiments de toutes nos facultés; mais parmi ses qualités, aucune ne le rapproche plus de nous que son courage. Il n'y a pas d'animal, pas même les grands fauves, qui soit aussi brave que l'Homme ou le Singe, et qui soit au même degré susceptible de sang-froid. C'est peut-être cette bravoure qui, jointe à sa sociabilité, a le plus contribué à assurer la suprématie de l'un. Quant à l'autre la voie lui a été barrée par son cousin mieux doué; il disparaît devant l'Homme et non devant la nature ou les autres bêtes. Dans les régions peu peuplées, il est le roi. On est convenu de considérer le Lion comme l'incarnation du courage; mais c'est le plus fort et le mieux armé de tous, devant qui tremblerait-il ? En captivité, il se laisse frapper par le dompteur, ce que le plus chétif quadrumane ne souffrira jamais. Il luttera avec une extrême énergie sans calculer la différence de force entre l'agresseur et lui, et résistera tant qu'il lui sera possible de remuer. Tout son courage et tout son sang-froid, le Singe l'apporte à la fuite, quand il a reconnu un danger insurmontable pour ses forces. On sent qu'il n'a pas peur, il n'agit pas comme ces bêtes affolées qui se ruent en tremblant, perdent la tête et paralysent par leur précipitation une grande partie de leurs ressources. Une de leurs bandes en fuite utilise tous les obstacles qui peuvent être interposés entre elle et le poursuivant ; elle se retire sans hâte excessive, et profite du premier abri qu'elle rencontre ; une femelle n'abandonne jamais son petit, et si un jeune reste en arrière et va être pris, les plus vieux mâles de la troupe vont crânement le dégager au péril de leur vie. On cite dans ce genre des faits héroïques. On a trop jugé cet animal par rapport à nous, et on y a vu une caricature humaine, que l'on couvre de ridicule ; mais on s'en fait une idée bien plus haute, si on le compare aux autres animaux. On a toujours et surtout, comme de parti pris, insisté sur ses défauts, et nous les saisissons d'autant mieux que ce sont justement les nôtres, exagérés, j'en conviens, et plus *nature* ; mais il a aussi des qualités de premier ordre.

Comme fuite combinée avec intelligence, on a vu

dans les pages précédentes, de quelle façon les *Formica fusca* profitent de la difficulté à grimper qu'éprouvent les *Polyergus*. Elles gagnent en hâte le sommet des herbes pour y mettre en sûreté les larves que les autres veulent emporter. Les ruses pour la fuite sont aussi variées que celles de l'attaque. Chaque animal tâche de tirer parti le mieux possible de toutes ses ressources.

Les Alouettes, faibles Oiseaux, s'élèvent dans les airs aussi haut que pas un Rapace, et c'est bien souvent pour elles une cause de salut. Leur plus grand ennemi est le Hobereau *(Hypotriorchis subbuteo)*. Elles le redoutent beaucoup ; aussi dès que l'un d'eux fait son apparition, les chants cessent, et chacune fermant brusquement les ailes se laisse tomber à terre, et se tapît contre le sol. Mais quelques-unes sont montées si haut pour pousser leur claire chanson, qu'elles ne peuvent espérer atteindre la terre avant d'avoir été saisies. Alors, sachant que l'Oiseau de proie est à craindre lorsqu'il occupe une position plus élevée d'où il peut fondre sur elles, elles essaient de se tenir toujours au-dessus de lui. Elles montent de plus en plus haut. L'ennemi cherche à les dépasser ; mais elles montent encore, jusqu'à ce qu'enfin le Hobereau, plus lourd et moins habitué à ces couches raréfiées, se lasse et renonce à la poursuite.

Le Pic des États-Unis *(Colaptes auratus)* échappe souvent aux Faucons, soit en se précipitant dans le premier trou qu'il rencontre, soit, s'il n'en trouve pas, en s'accrochant par les griffes au tronc d'un arbre. Comme il est très bon grimpeur, il décrit alentour des spires rapides, et le Faucon ne peut au vol tracer d'aussi petits cercles. La plupart du temps, le Colaptes échappe par ce procédé.

Le Renard, qui pour la chasse se montre si ingénieux, ne l'est pas moins lorsqu'il s'agit de sa propre sauvegarde. Il sait quand il convient de fuir ou de demeurer ; il se méfie d'une façon surprenante, non seulement de l'Homme, mais encore des engins que celui-ci dresse contre lui. Il les reconnaît ou les flaire. On pourrait presque penser qu'il en comprend le mécanisme d'après les faits suivants. Lorsque l'un d'eux a été surpris au gîte, et qu'on a placé un piège devant chaque issue, il ne sort plus du terrier. Si la faim devient trop impérieuse, il se rend compte que la patience ne peut que changer son genre de mort, et alors il se décide à tenter la chance ; mais auparavant il a tout essayé pour fuir sans passer sur le piège : tant qu'il a eu des ongles et des forces, il a creusé pour pratiquer une nouvelle issue, mais la faim a vite épuisé sa vigueur et il ne lui en est pas resté assez pour mener le travail à bien. On a vu des Renards ainsi traqués, reconnaître tout à coup qu'un de ces engins venait de se détendre, soit qu'une autre bête s'y fût prise, soit pour une autre raison. Dans ce cas, le captif apprécie très bien que la mécanique a produit son

Fig. 11. — Renard pris au traquenard.

effet, qu'elle ne saurait plus lui nuire, et il sort hardiment.

Il arrive que des Renards se laissent prendre au piège, par une patte en voulant délicatement extraire l'appât (fig. 11) ou par la queue. Reconnaissant la manière dont ils étaient retenus prisonniers, certains d'entre eux ont eu l'intelligence et le courage

de se couper avec les dents la partie engagée dans le
piège, et de s'enfuir ainsi mutilés.

En Australie, on organise de grandes chasses au

FIG. 12. — Les Kanguroos.

Kanguroo. Dans la plupart des cas il est d'une capture assez facile, et les Chiens peuvent s'en emparer
(fig. 12). Mais quelquefois il fait une assez longue
défense, assez originale surtout. Il dirige, lorsque cela
est possible, sa fuite vers une rivière. S'il en rencontre
une, il y entre et, grâce à sa haute taille, il peut aller
sans perdre pied à une profondeur où les Chiens sont
obligés de se mettre à la nage. Arrivé là, il se campe
sur ses deux jambes postérieures et sa queue, et attend
dans l'eau jusqu'aux épaules l'arrivée de la meute.
Avec ses pattes antérieures il saisit par la tête le premier Chien qui approche de lui, et, comme il a un

point d'appui plus solide que son assaillant, il lui maintient le nez sous l'eau tant qu'il peut. Si un second Chien n'arrive vite à la rescousse, le premier est infailliblement noyé. Si un compagnon vient le dégager, il est tellement ému de ce bain inopiné qu'il songe à regagner la rive au plus vite, et n'a plus aucune envie d'attaquer cette suffocante proie. Un vieux mâle courageux et robuste peut ainsi tenir tête à vingt ou trente Chiens, noyant les uns, effrayant les autres, et le chasseur est obligé d'intervenir, et de mettre fin d'un coup de feu à cette énergique défense.

Feinte. — Beaucoup d'animaux, qui ne peuvent échapper au danger par la fuite, cherchent parfois leur salut dans des feintes variées. Les uns, comme la plupart des Insectes, simulent la mort à s'y tromper ; ni patte ni antenne ne remue. Des êtres plus élevés en organisation ne dédaignent pas ce subterfuge. La Sarigue, qui vit dans l'Amérique du Sud, pénètre dans les fermes pour dévaster les poulaillers. Lorsqu'elle se voit découverte, elle se sauve à toutes jambes, mais elle est vite rejointe, et les coups de bâton de pleuvoir dru sur elle. Voyant qu'elle ne peut échapper à la correction, elle cherche du moins à sauver sa vie. Laissant pendre la tête, allongeant ses pattes inertes, elle reçoit les horions sans sourciller. Souvent on la croit morte, l'on s'éloigne. La rusée petite bête, qui n'attendait que cela, se relève, secoue ses poils, et un peu moulue, mais vivante quand même, elle reprend sa course vers le bois.

Ne serait-ce point aussi une mesure de prudence qui pousse certains Oiseaux à imiter successivement les cris des animaux d'alentour, afin de faire croire à leurs ennemis que toutes les bêtes de la création sont réunies en cet endroit excepté eux. C'est peut-être aller un peu loin de supposer à leur acte un mobile aussi réfléchi et aussi politique, pourtant il n'est pas douteux que, dans certains cas, cette coutume puisse leur être utile et donner le change. Dans l'Amérique du Nord, presque toutes les espèces de la famille des *Cassicés* ont cette habitude. Veulent-ils se dissimuler à l'oreille des grands Faucons qui les guettent, ou n'est-ce qu'un simple amusement ? Ils interrompent à chaque instant leur propre chanson pour y intercaler les chants les plus divers. Voici un Mouton qui bêle, immédiatement l'Oiseau répond à son bêlement : un gloussement de Dindon, un caquetage d'Oie, un cri de Toucan, le tic-tac d'un moulin, sont notés au vol et fidèlement reproduits. Puis il reprend son refrain spécial, pour l'abandonner de nouveau à la première occasion.

Résistance en commun des animaux sociables. — Si la fuite ni la feinte n'ont empêché un animal d'être saisi par un chasseur, il se débat naturellement tant qu'il peut; cette lutte *in extremis* est rarement couronnée de succès. Certaines espèces, en particulier celles qui vivent en société, peuvent néanmoins, en réunissant leurs efforts, résister avec avantage à des ennemis, qui en triompheraient aisément s'ils étaient isolés.

Dans les tribus de Singes, les faits d'assistance mutuelle sont fréquents. Quand d'aventure un Oiseau de proie, Aigle ou Spizaète, a fondu sur un jeune quadrumane qui prenait ses ébats loin de l'œil maternel, le petit ne se laisse pas enlever sans résistance, il se cramponne aux branches, et pousse des cris aigus et désespérés. Les appels sont entendus, et en un clin d'œil une dizaine de mâles agiles sont arrivés pour le dégager ; ils fondent sur l'imprudent ravisseur et le saisissent, qui par une patte, qui par le cou, qui par une aile; ils le tiraillent et le harcèlent. L'Oiseau se débat de son mieux, distribue autour de lui coups de serres et coups de bec. Il est souvent étranglé, et lorsque sa témérité ne lui a pas valu ce châtiment extrême, du moins les plumes qui s'échappent pendant son vol viennent-elles témoigner qu'il n'est pas sorti indemne de cette échauffourée.

Des animaux comme les Buffles résistent, en combinant leur défense, aux plus redoutables carnassiers. Le Tigre même est leur victime, tandis que si l'un d'eux isolé rencontrait le fauve, il deviendrait sûrement sa proie. Celui-ci étant très agile, peut d'un seul bond sauter sur le dos du Ruminant, dont la force brutale et massive se trouve ainsi hors d'emploi ; mais le félin qui tombe au milieu d'un troupeau est bien mal en point. Un premier Buffle fond sur lui les cornes basses et le lance en l'air d'un robuste coup de tête ; le Tigre ne peut reprendre ses sens, car dès qu'il est retombé sur le sol, souvent même avant, il est resaisi et projeté vers d'autres cornes. Ainsi renvoyé comme une balle il est promptement mis à mort.

Les Carnassiers moins redoutables n'inquiètent en rien les Buffles, les Loups n'osent pas les attaquer lorsqu'ils sont réunis ; ils attendent, embusqués, le passage de quelque Veau égaré pour s'en rendre rapidement maîtres, et sans que le reste du troupeau en soit informé, car ils paieraient cher leur tentative.

Les Bisons de l'Amérique du Nord, proches parents des Buffles, repoussent de même en commun les Loups, et si l'Homme réussit mieux contre eux, c'est grâce à l'habileté qu'il déploie pour se dissimuler et ne point attirer leur attention. Tout le monde sait de quelle façon les Indiens chassaient et chassent encore le Bison à coups de flèches. Cette poursuite fait courir de grands risques à son auteur, car il ne doit pas se faire découvrir par le gibier, sous peine d'être foulé aux pieds ou éventré à coups de cornes. Dans les immenses prairies où paissent ces Ruminants, quelques Indiens couverts de peaux de Bison s'avancent à quatre pieds, sans que rien vienne trahir leur présence. Les victimes tombent une à une sous les coups silencieux, et leurs compagnons qui ne voient rien de suspect aux alentours ne s'en inquiètent pas, les supposant sans doute paisiblement couchés.

Ce n'est pas seulement contre les autres animaux que ces gros Mammifères ont à se défendre ; ils craignent beaucoup la chaleur, et, en particulier dans la Perse méridionale, ils ont coutume pour ruminer de se coucher en entier dans l'eau, aux heures chaudes du jour. Ils ne laissent dépasser que le bout du museau ou tout au plus la tête. C'est un spectacle curieux, lorsqu'on traverse à gué un fleuve, de voir émerger des roseaux les grosses têtes et les yeux calmes des Buffles qui suivent avec étonnement tous les mouvements des cavaliers, sans que d'ailleurs rien ne puisse déranger leur douce et fraîche sieste.

Mais revenons aux défenses combinées en commun. Les Chevaux sont extrêmement sociables, et dans les immenses pampas de l'Amérique du Sud, ceux qui sont redevenus sauvages vivent en troupeaux considérables. Ils se prêtent un mutuel secours dans les circonstances difficiles. Si un grand danger les menace, tous les Poulains et toutes les Juments se réunissent, et les Étalons font cercle autour du groupe, prêts à repousser l'agresseur. Mais ils n'accomplissent pas cette manœuvre pour un ennemi de peu de poids. Lorsqu'un Loup fait son apparition dans la plaine, tous les mâles courent sur lui, cherchent à le frapper avec leurs pieds et l'assomment, à moins qu'une prompte fuite ne le dérobe à leurs coups.

L'humeur sociable de ces Chevaux les rend compatissants envers leurs congénères asservis par l'Homme, et si une carriole attelée rencontre sur son chemin une bande libre, c'est un grand dommage pour le propriétaire. Ils accourent, entourent le Cheval esclave et le saluent de leurs cris et de leurs gambades, ayant l'air de l'inviter à jeter le harnais aux orties, et à les suivre dans la plaine où croît l'herbe pour tous et sans travail. Naturellement, le charretier essaie de conserver sa noble conquête, et distribue des coups de fouet sur ceux qui veulent la débaucher. Les Chevaux sauvages deviennent alors furieux et se ruent sur la voiture, ils la brisent à coups de pieds, tranchent avec les dents les traits de leur camarade, et l'entraînent pour lui faire partager leur libre vie. L'entreprise menée à bien, ils s'éloignent au galop avec des hennissements de triomphe.

C'est grâce à leur réunion en grandes bandes que les Corneilles ont peu à redouter des Oiseaux de proie diurnes ; si l'un d'eux s'approche, elles n'hésitent pas à se précipiter sur lui toutes ensemble et parviennent la plupart du temps à le mettre en fuite. Les Grands-Ducs cependant causent parmi elles beaucoup de ravage ; car la nuit la Corneille, en plein sommeil, est livrée sans défense au ravisseur pour lequel, au contraire, l'obscurité est propice. Aussi elles le reconnaissent pour l'ennemi héréditaire, et ne laissent jamais passer sans en profiter une circonstance où la revanche est une chose possible. Si, par hasard, un Grand-Duc ou un Hibou s'aventure au jour et si l'une d'elles l'aperçoit, aussitôt une clameur retentit, véritable cri de guerre ; toutes celles qui picoraient alentour arrivent à tire d'aile, toute affaire cessant ; le Rapace nocturne est assailli, criblé de coups de bec, étourdi, déplumé, et, malgré sa défense, il succombe sous le nombre.

Dans tous les exemples précédents, les espèces sociales réunissent pour la sécurité commune leurs forces, et les effets qu'ils peuvent directement tirer de leurs organes.

Nous avons parlé des Singes et dit comment ils se défendent avec les mains et les dents ; mais, dans certains cas, ils luttent avec de véritables armes, employant des objets étrangers comme massue ou comme projectiles.

Les actes de cette nature sont réputés très perfectionnés, et l'on a répété souvent qu'ils étaient le seul apanage de l'Homme ; nous avons vu pourtant le *Toxote*, qui ainsi que tous les Poissons n'est pas fort intelligent, projeter de l'eau sur les victimes qu'il veut faire tomber. On ne comprend pas que l'effort intellectuel doive être plus grand pour jeter une pierre avec la main que pour projeter de l'eau avec la bouche. C'est ce que font les Singes : ils lancent sur leurs assaillants du haut des arbres tout ce qui leur tombe sous la main : noix de coco, fruits durs, fragments de bois, etc.

Les Cynocéphales, qui vivent surtout au milieu des rochers, protègent leur retraite en faisant rouler sur les agresseurs des blocs très lourds, ou en jetant avec force des cailloux de la grosseur du poing. Comme ces bandes de Singes peuvent compter de cent à cent cinquante individus, c'est une véritable grêle de pierres de toutes tailles qu'ils font dégringoler du haut des montagnes où ils cherchent asile.

Sentinelles. — Non seulement les Singes savent faire face au danger ou s'y soustraire par une fuite calculée, mais encore ils cherchent à le prévoir et à ne pas s'y exposer. Une troupe de Singes remet en

Fig. 13. — Singes en marche.

général sa direction entre les mains d'un mâle robuste et expérimenté. Cette primitive royauté est faite, en partie de la confiance qu'inspire le vieux chef, en partie de la crainte que l'on éprouve pour ses bras musculeux et ses canines féroces (fig. 13). A la vérité, il se donne bien du mal pour la sécurité de ses administrés, et ne vole pas l'autorité qu'on lui reconnaît. Toujours en tête, il saute de branche en branche et la bande le suit. De temps à autre, il escalade un grand arbre et, du haut de la cime, scrute les alentours. S'il ne découvre rien de suspect, un grognement guttural particulier en informe ses compagnons. S'avise-t-il au contraire de quelque danger, il les avertit encore par un autre cri, et tous se replient, prêts à le suivre dans la retraite, qu'il dirigera comme il a guidé la marche en avant.

Les Singes ne sont pas les seuls à s'en rapporter à l'expérience de l'un d'eux. Beaucoup d'autres animaux agissent de même : les Antilopes, les Gazelles, les Éléphants, dont les troupeaux s'avancent toujours conduits par un vieux mâle ou une vieille femelle qui connaît tous les détours de la forêt, toutes les places propices au pâturage et qui sait quels endroits il faut éviter.

D'autres, plus démocratiques, au lieu de remettre le soin de leur sûreté à un seul, ce qui ne peut avoir lieu sans abdiquer quelque peu de l'indépendance individuelle, disposent, autour de l'endroit où ils se tiennent, un certain nombre de sentinelles chargées de veiller au salut commun. Cette coutume existe chez les Chiens des prairies, les Moufflons, les Corbeaux, les Perroquets et un grand nombre d'autres animaux. Les sentinelles des Corbeaux sont non seulement toujours en éveil, mais de plus extrêmement perspicaces : elles ne donnent pas l'alerte mal à propos. Il est certain que ces Oiseaux savent reconnaître un Homme armé d'un fusil d'un autre qui porte un simple bâton, et elles laissent le second approcher beaucoup plus près que le premier, avant de jeter l'alarme.

Les Perroquets de toutes les espèces vivent en bandes nombreuses, joyeuses et bruyantes. Après avoir passé la nuit sur un même arbre, ils se dispersent aux alentours, non sans avoir posté çà et là des surveillants, et ils sont fort attentifs à leurs cris et à leurs indications.

Les grands Aras, qui habitent dans les Andes, agissent avec beaucoup de prudence lorsque les circonstances le leur commandent, et ils savent déterminer les cas où ils doivent se tenir sur leurs gardes. Lorsqu'ils sont au sein de la forêt, leur domaine, ils y cueillent des fruits au milieu d'un vacarme assourdissant ; chacun piaille et crie à sa fantaisie. Mais s'ils ont résolu de piller un champ de maïs, comme l'expérience leur a appris que ces manifestations joyeuses seraient hors de saison, et ne manqueraient pas d'attirer le propriétaire furieux, ils consomment leur larcin dans le plus grand silence. Des sentinelles sont placées sur les arbres voisins. A leur premier avertissement, répond un cri à demi-voix ; au second, annonçant le danger plus proche, toute la bande s'envole avec des vociférations que rien désormais ne retient plus.

La Grue cendrée, *Grus cinerea*, plus prévoyante encore, dépêche des éclaireurs pour éviter le danger possible et futur, distincts en cela des sentinelles qui informent leurs congénères du danger présent. Lorsque ces Oiseaux ont été dérangés dans un endroit, ils n'y retournent jamais sans grandes précautions. Avant d'arriver, ils s'arrêtent, quelques-uns seulement vont en avant avec prudence, examinent tout et reviennent faire leur rapport. S'il n'est pas suffisamment concluant, la troupe persiste dans sa défiance et envoie de nouveaux émissaires. Ils s'assurent qu'il n'y a décidément rien à redouter, et les autres arrivent à la suite.

C'est ainsi que les animaux, par les procédés les plus divers, essaient de sauver leur vie menacée, et réussissent à la mettre à l'abri dans une certaine mesure. Destruction et chasse d'une part, conservation et fuite de l'autre, tels sont les deux actes principaux qui occupent les êtres. Beaucoup cependant, moins traqués, arrivent à perfectionner leur manière de vivre, et emploient leur industrie à des occupations moins pressantes que manger les autres, ou empêcher les autres de les manger.

CHAPITRE III

PROVISIONS ET ANIMAUX DOMESTIQUES

Provisions qui doivent être gardées peu de temps. — Provisions de longne durée. — Animaux qui construisent des greniers. — Réserves physiologiques. — Intermédiaire entre les réserves physiologiques et les provisions. — Animaux qui font subir des préparations aux aliments pour en faciliter le transport. — Soins donnés aux provisions récoltées. — Fourmis agricoles. — Animaux domestiques des Fourmis. — Des degrés dans la civilisation d'une même espèce de Fourmis. — Étables et parcs à Pucerons. — L'esclavage chez les Fourmis.

Les industries de la chasse, qui dérivent directement du plus impérieux besoin, de celui qui assure l'existence de l'individu, n'arrivent jamais à un perfectionnement bien extraordinaire, ou, du moins, comme elles sont indispensables, que les êtres ne peuvent subsister sans elles, on n'est pas surpris d'en voir le développement. Il est incontestable qu'une industrie marque d'autant plus de civilisation, non seulement qu'elle est plus perfectionnée, mais encore qu'elle a trait à des choses moins nécessaires à la vie ; chez toutes les espèces l'importance de la place faite au superflu est un caractère de supériorité.

Les animaux qui, en prévision d'une saison rigoureuse ou par crainte des jours où la chasse n'est pas fructueuse, gardent des provisions, pour les utiliser en ces temps de disette, s'élèvent d'un degré au-dessus des chasseurs, même les plus habiles.

Au reste, tous n'amassent pas avec une égale sagacité et nous verrons les différents cas de prévoyance, depuis les plus rudimentaires jusqu'aux plus élevés, bien voisins ceux-là de ceux que nous pouvons observer chez les Hommes. Les provisions, récoltées par les animaux n'ont pas une destination unique; les unes sont pour l'individu même qui les a faites ; les autres, au contraire, doivent servir de premiers aliments à ses petits, dans l'âge où ils ne sont point capables encore de rechercher leur propre nourriture. Nous traiterons de celles-ci dans un autre chapitre, et nous allons parler ici seulement des animaux qui approvisionnent des greniers avec l'intention d'en profiter eux-mêmes.

La prévoyance de l'animal est d'autant plus grande, qu'il amasse pour une plus longue échéance. Les Carnassiers vivent assez au jour le jour et ne font guère de réserves ; ce sont les Rongeurs, certains Oiseaux frugivores et les Insectes qui produisent les actes d'économie les plus compliqués.

Provisions qui doivent être gardées peu de temps. — Comme rudiment de l'art de conserver des aliments en vue de la disette possible, nous pouvons citer le cas de l'Écorcheur *(Enneoctonus collurio)* ; nous avons déjà parlé de cet Oiseau, et de l'habitude qu'il a dans les jours d'abondance, d'embrocher sur des épines toutes les captures qu'il a faites. On voit côte à côte des Coléoptères, des Grillons, des Sauterelles, des Grenouilles et de petits Oiseaux. Il est évident que ces réserves ne peuvent se conserver plus d'un jour, deux au plus. L'Écorcheur en fait juste suffisamment pour nous montrer ses appréhensions de l'avenir et des insuccès de chasse dont il peut être tissé, et la pensée de conserver le surplus du présent en vue des privations futures.

Le Renard, fort habile chasseur, n'est pas en peine de trouver du gibier ; cependant, de tous les carnassiers, c'est le seul qui soit vraiment prévoyant. Les autres en présence d'une abondante pâture se gorgent d'aliments et abandonnent leurs restes, au risque de pâtir le lendemain. Le Renard n'est point aussi insouciant. S'il a eu la bonne fortune de découvrir un poulailler bien garni et mal gardé, il emporte autant de volatiles qu'il le peut avant le jour, et s'en va les cacher dans le voisinage de son terrier. Il place chaque pièce à part, l'une au pied d'une haie, l'autre sous une broussaille, une troisième dans un trou rapidement creusé et refermé. On dit qu'il éparpille ainsi ses cachettes afin de n'être pas exposé à tout perdre du même coup, si l'une vient à être découverte. D'autre part, cette prudence complique sa tâche lorsqu'il s'agit d'utiliser les vivres. Le Renard pourtant ne perd rien et sait très bien retrouver tous ses magasins. La nature même du gibier dont il se repaît lui interdit de les conserver plus de quelques jours.

Provisions de longue durée. — Les Rongeurs, qui se nourrissent de fruits secs ou de graines, peuvent au contraire songer à les garder longtemps dans leurs greniers.

L'Écureuil, que l'on voit tout l'été sauter comme un petit fou de branche en branche, et qui semble n'avoir souci que de promener entre les feuilles sa toison rousse et de relever son panache, est au contraire un animal bien sage et bien rangé. Il sait que l'hiver est dur aux pauvres bêtes et que dans cette saison les fruits sont rares ou cachés sous la neige; aussi pendant l'automne, au moment où tous les biens de la terre sont abondants, quand les faînes, les glands, les châtaignes viennent de mûrir, il en récolte des quantités et les dissimule partout où il peut. Profitant des cavités qu'il connaît autour de son domaine, creux d'arbres, trous qu'il fait en terre sous un buisson, etc..., il les emplit de fruits et, l'hiver venu, va les extraire pour les grignoter.

Animaux qui construisent des greniers. — Le Rat des champs de Hongrie et d'Asie *(Psannomys)* recueille

Fig. 14. — Psammonys récoltant.

du blé pendant l'été. Il coupe des épis et les transporte dans sa demeure (fig. 14) ; un seul animal peut emmagasiner plus d'un boisseau de grain et dans les hivers rigoureux, quand la disette sévit aussi parmi les Hommes, on voit des glaneurs d'une nouvelle espèce se mettre en quête, et chercher le froment sous la terre, dans les nids de *Psannomys*. Plus d'un boisseau pour un seul Rat ! Ceux qui sont habiles à trouver leurs trous peuvent dans une journée faire une jolie récolte au détriment des Rongeurs réduits à leur tour à la mendicité.

Le *Hamster* fait, comme le précédent, des provisions de grain ; mais il apporte deux perfectionnements : le premier, à la récolte, en ne prenant de l'épi que la partie comestible, le second, en construisant des greniers distincts de son logis. Chacun d'eux possède un terrier composé d'une chambre de repos autour de laquelle il en creuse une ou deux autres, communiquant avec la première par des couloirs, et destinées à servir de greniers. Même les vieux, plus expérimentés préparent quatre ou cinq de ces magasins. La fin de l'été est leur saison de travail. Ils se répandent dans les champs d'orge ou de blé, inclinent les tiges des céréales avec les pattes antérieures, puis coupent l'épi avec les dents. Cela fait, ils se mettent en devoir de battre leur blé, c'est-à-dire de séparer le grain d'avec la paille, en tournant et retournant l'épi entre leurs pattes. Les grains sortis, ils les empilent dans leurs joues, et les transportent ainsi dans une des chambres dont nous avons parlé plus haut, puis reviennent au champ qu'ils exploitent, et continuent ces divers travaux jusqu'à ce qu'ils aient terminé la réserve projetée pour l'hiver.

Le Campagnol (*Arvicola economus*) agit un peu à la manière du Hamster ; pourtant la nature des objets récoltés est différente. Ce n'est point du blé qu'il recueille, mais des racines. Il lui faut trouver ces racines, les déterrer, les couper en fragments de dimensions convenables pour être transportés, enfin les entasser dans des chambres disposées pour les recevoir. L'espèce dont nous parlons, et qui habite la Sibérie, mesure environ douze centimètres de longueur ; le travail accompli par cet animal durant l'été et l'automne est surprenant par rapport à sa taille. Le moment venu de songer à l'hiver, les Campagnols se répandent à travers la steppe. Chacun creuse de petits fossés autour des racines qu'il a envie d'extraire. Après les avoir déchaussées, il les nettoie sur place, afin de ne pas encombrer ses magasins de terre inutile. Ce travail préparatoire effectué, il débite la racine en tranches d'un poids proportionné à ses forces et transporte ces fragments un à un. Saisissant chacun d'eux avec les dents, il marche à reculons en le tirant après lui ; il parcourt ainsi un long chemin, traversant des sentiers, tournant des touffes d'herbes ou d'autres obstacles, ne se laissant point rebuter par la difficulté et la durée de la tâche. Arrivé à son trou, c'est aussi à reculons qu'il y pénètre, traînant toujours son fardeau dans toutes ses galeries. Sa demeure, quoiqu'un peu plus compliquée d'accès, ressemble à celle du Hamster. Comme celle-ci, elle se compose d'une pièce centrale, mise en communication avec le dehors par un dédale de couloirs qui s'entrecroisent. C'est la chambre de repos, dont les parois sont bien battues, et qui est tapissée de foin. De là partent d'autres chemins souterrains qui mènent dans les magasins. Ils sont au nombre de trois ou quatre. C'est là que le Campagnol porte sa récolte. Chaque compartiment est assez vaste pour contenir quatre ou cinq kilogrammes de racines, en sorte que le petit Rongeur se trouve, à la fin de la saison, propriétaire d'environ quinze kilogrammes de nourriture en réserve. Il aurait de quoi couler au sein de l'abondance tous les jours de l'hiver, s'il lui était permis de compter sans ses voisins. Le diligent animal a en effet un redoutable parasite : c'est l'Homme, qui ne le laisse pas jouir en paix du fruit de son travail et de son économie. Dans la Sibérie, un hiver long et rigoureux succède à un été très chaud ; en cette saison, les vivres manquent assez souvent aux habitants. Un moment vient où ils sont heureux de remplacer le pain qui fait défaut par des racines comestibles ; mais la recherche de celles-ci est un travail long, pénible, et il faut d'ailleurs avoir songé à le faire pendant l'été. L'Homme, dans les beaux jours, moins prévoyant que le Rongeur, n'hésite pas, la disette venue, à s'adresser à lui pour avoir du secours. Comme il est le plus faible, le Campagnol est bien obligé de subir cet impôt vexatoire. Au dire de Pallas, les indigènes recherchent les nids pleins de provisions et les déterrent. Les greniers éventrés livrent leurs richesses. Le vainqueur s'empare de tout ce qui est à sa convenance, et abandonne le reste à l'infortunée petite bête qui doit bon gré mal gré s'en contenter. Dans cette région, les terriers de Campagnols abondent ; aussi, cette singlière dîme, assure-t-elle un revenu sérieux à ceux qui la lèvent, ce que l'on comprendra si l'on veut bien se souvenir de l'importance des réserves amassées par l'animal.

Deux Oiseaux de l'Amérique du Nord, de la famille des *Pics*, préparent pour la mauvaise saison leurs provisions, avec un art consommé ; non seulement ils les récoltent et les mettent à l'abri ; mais encore ils les disposent de telle sorte qu'il leur soit aussi commode que possible d'en tirer parti, le moment venu.

L'un d'eux, le *Melanerpes formicivorus*, se nourrit, comme son nom l'indique, d'Insectes et surtout de Fourmis. Tout l'été, il se livre à cette chasse ; mais, en même temps, il recueille des glands auxquels il ne touche pas, tant qu'il trouve d'autres aliments. Voici de quelle ingénieuse façon il les amasse : il fait choix d'un arbre, creuse avec son bec dans le tronc une cavité juste capable de recevoir un gland à l'intérieur. Sa cachette préparée, il y porte un fruit et l'introduit de force dans le trou qu'il vient de faire. Ainsi enfoncé, le gland ne peut tomber ni devenir la proie d'un autre animal. On trouve dans le domaine de ces Oiseaux des troncs d'arbres, qui sont criblés comme une écumoire de trous, tous bouchés par un gland en guise de cheville. Quand la chasse aux Insectes cesse d'être fructueuse, le Melanerpes va visiter ses greniers. Figurez-vous un Oiseau qui veut manger un de ces fruits : à chaque coup de bec, à cause du poli et de la convexité de sa surface, l'aliment s'échappe, c'est seulement à la suite d'efforts réitérés que l'intérieur est mis à jour ; mais, pour le Pic d'Amérique, la tâche est bien simplifiée, chaque gland étant maintenu immobile dans l'écorce, il lui suffit d'en briser l'enveloppe et la pulpe est aisément saisie.

Un parent de celui-ci, le *Colaptes mexicanus*, ne lui cède point en économie et en habileté. Il place son grenier à l'intérieur d'une plante fort abondante dans la zone qu'il habite. Insectivore une partie de l'année, il est bien forcé de renoncer à ce régime lorsque vient la saison sèche. Dans les régions du Mexique où l'on rencontre cet Oiseau, la période de sécheresse est si absolue qu'il périrait de faim, faute d'Insectes ou de fruits, s'il n'avait la précaution d'amasser pendant le printemps. Sa réserve consiste en glands. Il n'a pas le temps de les fixer un à un comme le Melanerpes, et ne songe d'abord qu'à en recueillir rapidement une grande quantité. Mais où les entasser ? C'est pour résoudre ce problème que le Colaptes montre un remarquable esprit. Dans les forêts où il vit se trouvent des aloès, des yuccas, des agaves. Lorsque les agaves ont fleuri, la hampe florifère haute de deux à trois mètres se dessèche; mais reste debout pendant un temps assez long. Sa portion périphérique durcit par la sécheresse, tandis que la moelle située au centre disparaît presque entièrement. Il se forme ainsi un cylindre creux, dont l'intérieur est parfaitement abrité, et que le Colaptes se propose d'utiliser comme magasin. Ses glands seront là bien protégés contre les influences du dehors, et contre les Oiseaux à bec trop faible pour percer l'agave (fig. 15 et 16). Il s'agit donc de remplir ce tube. L'animal perce d'abord la paroi vers le bas de la tige; par le trou ainsi pratiqué, il introduit les glands jusqu'à ce qu'il ait comblé la partie inférieure de la cavité. Cela fait il ouvre un nouvel orifice un peu au-dessus du premier, remplit l'intervalle compris entre les deux, et continue ce manège, jusqu'à ce qu'il soit arrivé en haut de la tige, et qu'il ait garni tout l'intérieur.

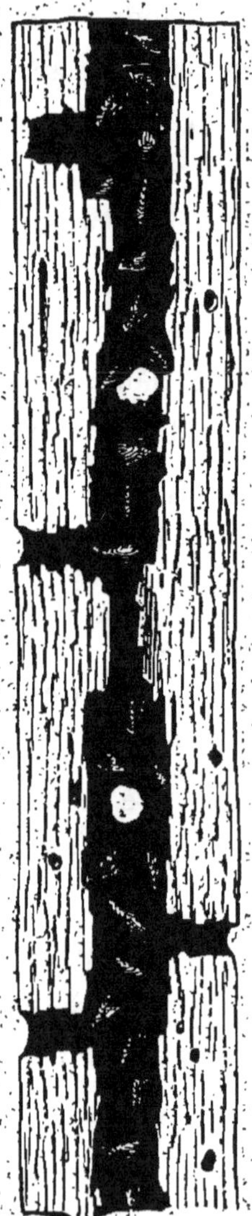

Fig. 15 et 16. — Provisions des Colaptes.

Cet Oiseau semble vraiment trop simple et paraît prendre une peine inutile en forant un si grand nombre d'ouvertures. Il arriverait aussi bien à ses fins en en creusant une seule à la partie supérieure, par laquelle il remplirait son magasin, et une autre en bas pour le vider. N'allons point ainsi l'accuser témérairement de manquer de jugement. L'intérieur du tube est juste assez grand pour le passage d'un gland; d'ailleurs, en certains points, la moelle n'est pas tout à fait résorbée : il pourrait se produire un arrêt qui laisserait sans emploi une grande partie du vide. De là vient la nécessité d'ouvertures multiples. L'animal est donc pourvu. Quand le soleil a grillé les plantes, que les vivres se font rares, il fait appel à ses greniers d'abondance. Maintenant, et à chaque fois qu'il en aura besoin, il va utiliser le procédé que nous avons vu employé par son voisin le Melanerpes. Afin de se repaître de chaque gland, sans trop de peine et sans qu'il lui glisse du bec, l'Oiseau le place dans un étau. Il creuse un trou dans un tronc d'arbre, y introduit un fruit de force, et le mange tout à l'aise.

Les provisions amassées par ces deux Oiseaux nous montrent un fait remarquable. Ils ont en effet deux régimes distincts; ils ne conservent point pour la période de disette l'excès des aliments de la période d'abondance. Il chassent des Insectes, s'en repaissent tant qu'ils en trouvent, et mettent en réserve tout autre chose, puisque ce sont des glands dont ils remplissent leurs magasins.

Réserves physiologiques. — Tous les animaux dont nous venons de parler placent leurs aliments pour l'avenir dans des greniers, ainsi que le fait l'Homme. Ceux qui n'ont point cette prévoyance, ou bien pourvoient en toute saison à leur nourriture par la chasse, ou bien, après avoir fait bombance une moitié de l'année, font maigre chère et dépérissent le reste du temps. Dans ce cas, ils consomment pendant la période de jeûne une partie de leur propre substance, et dépensent des matériaux qui s'étaient mis en réserve dans leur organisme, sous forme de graisse par exemple. Cette disposition, qui leur permet de prolonger, tout en maigrissant, leur vie jusqu'à la prochaine saison de prospérité n'est point du tout sous la dépendance de leur volonté. C'est un ensemble de phénomènes physiologiques, résultant du fonctionnements des différents appareils de l'organisme.

Intermédiaire entre les réserves physiologiques et les provisions. — Entre les réserves physiologiques et les réserves industrielles, si l'on peut ainsi les appeler, se place comme intermédiaire le cas si intéressant des Fourmis à miel.

Ces Insectes *(Myrmecocystis)* vivent au Texas, et

forment des colonies dans lesquelles certains individus jouent un rôle très particulier. Ils exagèrent
à un point extrême la faculté de conserver des provisions dans leurs jabots. Ces matériaux ne sont
point assimilés, ne font pas partie du corps même de
l'être, et ne sauraient être comparés aux réserves
physiologiques, bien qu'ils soient déjà dans son intérieur. Il est surtout curieux qu'ils ne doivent pas
être utilisés seulement par l'animal lui-même, mais
encore par les autres membres de la colonie, qui
ne sont pas aptes à en élaborer de semblables. Chez
les *Myrmecocystis*, il y a des ouvrières de deux sortes;
les unes ressemblent, à quelques détails spécifiques
près, à toutes les Fourmis, ce sont elles qui bâtissent et creusent le nid de terre qui sert d'abri commun. La seconde catégorie est bien différente; l'abdomen de ces ouvrières se distend prodigieusement,
de façon à constituer une sphère volumineuse, qui
peut devenir quatre ou cinq fois plus grosse que
le thorax et la tête réunis (fig. 17). Sur cette
outre distendue apparaissent quelques petites pla-
ques plus sombres; ce sont les restes des parties chiti-
nisées des anneaux primitifs. Dans la belle saison, ces
Fourmis sortent en bande, et vont recueillir une
liqueur sucrée, qui perle sur certaines galles des feuilles
de chêne. Ces goutelettes élaborées en miel remplis-

sent peu à peu le jabot, le distendent, refoulent le
organes voisins, et donnent à l'abdomen la forme glo-
buleuse dont je viens de parler. Lorsqu'elles sont
arrivées à cet état d'obésité, les Fourmis à miel alour-
dies ne sortent plus du nid. Elles restent sans mou-

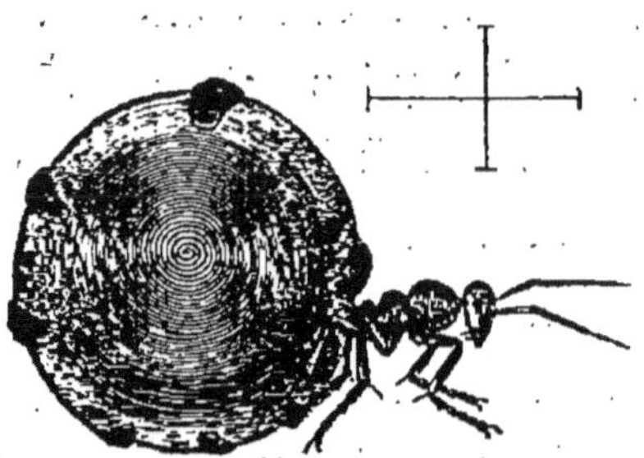

Fig. 17. — Fourmi à miel.

vement, pendues par les pattes au plafond ou cram-
ponnées le long des parois d'une des loges. Les
ouvrières restées sveltes vont et viennent, vaquent à
leurs occupations habituelles, passent auprès des autres
sans paraître s'en inquiéter, et sans se détourner de
leur chemin pour prêter assistance à leurs sœurs im-
potentes, lorsque l'une d'elles a roulé sur le sol, et ne
peut plus se relever seule (fig. 18). Elles ne sortent
de leur indifférence que poussées par l'égoïste sentiment de la faim, et alors c'est pour demander et non
prêter du secours. Les Fourmis obèses, en effet, ne
sauraient consommer tout le miel qu'elles ont élaboré,

il y en a une trop forte quantité ; les autres, quand la
disette arrive, s'approchent d'elles, les flattent de
leurs antennes, les sollicitent et obtiennent une

Fig. 18. — Fourmis à miel.

goutte de miel que les grosses dégorgent de leur jabot.
Voici donc une colonie où la division du travail a
amené un remarquable polymorphisme. Une partie
de ses membres accomplit les travaux d'ingénieurs et
de maçons, l'autre fabrique pour la communauté une

réserve de miel. Au lieu de déposer au fur et à mesure ces provisions dans des alvéoles, comme les Abeilles, ou dans un magasin de nature quelconque, elles le conservent dans leur tube digestif. Et cette coutume a si bien réagi sur la forme du corps, qu'à première vue elles semblent appartenir à une autre espèce que leurs sœurs.

Animaux qui font subir des préparations aux aliments pour en faciliter le transport. — Non contents de recueillir des matériaux tels qu'ils se trouvent dans la nature, certains animaux leur font subir des préparations dans des buts variés, soit pour rendre le transport plus facile, soit pour qu'ils ne s'altèrent pas en magasin. Parmi ceux dont nous venons de parler, les uns récoltent en vue d'utiliser à plus longue échéance que les autres.

L'*Ateucus sacer* a l'intention de consommer presque immédiatement les provisions qu'il fait. Cependant il agit d'une façon si particulière que je ne la puis passer sous silence. Ce Coléoptère est le Scarabée sacré, si fort vénéré des Égyptiens, qui ont reproduit partout son image dans le porphyre et le granit. C'est un bien singulier Insecte. Le renommé Fabre a donné de ses mœurs une histoire complète et des plus pittoresques. J'ai eu moi-même occasion de le voir travailler. C'était en Perse, dans la plaine de Susiane, par une chaude matinée du mois de mars. Nous avions passé la nuit en plein air, songeant à reprendre notre route au petit jour ; mais nos mulets, quelque peu mis en gaieté par l'herbe nouvelle, que le printemps faisait sortir de terre, en avaient décidé autrement. Ils avaient tous décampé, pour aller courir la prétentaine. Que faire des quelques heures que les muletiers ne vont point manquer d'employer à leur recherche ? Les Scarabées vont se charger de me distraire, et me fournir un instructif et amusant spectacle. Pendant la nuit, les mulets n'ont point été sans laisser çà et là, au hasard de leur fantaisie, des restes de leur digestion. L'arome, emporté par la brise du matin, vient frapper le Scarabée sacré à son réveil. Pour lui c'est le plat préféré ! Il en arrive de tous les points du ciel, leur lourde silhouette se détache partout sur le bleu. Il fait frais, le soleil étant levé depuis une heure à peine ; mais la chaleur ne va pas tarder à devenir accablante, et le sybarite Coléoptère sans écouter l'appétit matinal, que la fraîche prébende doit exciter encore, songe — rêve bourgeois ! — à faire sa pelote pour aller la savourer à l'abri des chauds rayons. C'est bien de lui qu'on peut dire qu'il fait sa pelote !

A peine arrivé sur le théâtre de l'accident, chacun déploie une fébrile activité. Tous travaillent. Avec leurs têtes, dont le bord antérieur est plat et muni de

six fortes épines, ils soulèvent leurs provisions; avec
les pattes antérieures, larges et aussi armées d'épines
ils pétrissent la pâte, la placent sous le ventre entre
les quatre autres pattes, et lui donnent une forme
arrondie. Petit à petit, cette sphère grossit, et acquiert
la taille d'une petite pomme. Cela suffit, d'ailleurs il

Fig. 19. — L'*Ateuchus sacer*.

fait déjà chaud. L'Insecte se met en devoir de char-
royer sa pitance vers une salle à manger abritée. Il
pose ses quatre pattes postérieures sur la boule; avec
les deux dernières, qui remuent sans cesse, il assure
l'équilibre de la masse; puis, appuyant sur le sol les
deux pattes antérieures et la tête, il pousse à reculons sa pelote, et cela avec une extrême vitesse
(fig. 19).

Il y en a pour tout le monde, chaque travailleur peut trouver la juste récompense de sa peine ; et je n'ai pas été témoin de faits regrettables comme ceux que raconte Fabre. Il arrive souvent, d'après cet ingénieux observateur, qu'un subtil Scarabée, qui n'a point pris part au laborieux pétrissage de la pâte vient, chemin faisant, aider au charroi, ou même simplement feindre d'aider pour, le moment venu, réclamer sa part de la denrée si convoitée, voire même l'emporter toute, s'il peut profiter d'un moment d'inattention du légitime propriétaire.

J'ai suivi un de ces Coléoptères à plus de cinq mètres du lieu où se passait le travail ci-dessus. Après avoir déposé auprès de lui sa boule, il commença à fouir la terre auprès ; mais les Mulets revinrent et je dus partir.

Je ne doute pas que les choses ne se soient passées pour la suite, exactement de la manière que Fabre raconte pour les Scarabées de Provence. L'Insecte ayant fait son trou, s'y enferme en tête à tête avec sa précieuse sphère. Aussitôt il se met en devoir de se la faire passer toute au travers du corps. Sans précipitation, comme sans défaillance, pendant huit jours, pendant quinze jours, tant qu'il y en a, d'une façon égale, continue, il mange et... il digère. Il ne s'arrête pas une minute, tout le temps ses mâchoires fonctionnent, et Fabre le prouve bien en appelant l'attention sur l'extrémité opposée de l'animal. Il en sort un fil continu, sans rupture, qui s'enroule à mesure... C'est clair.

Soins donnés aux provisions récoltées. — Parmi les animaux qui prennent un soin particulier des provisions qu'ils ont faites, il convient de citer certaines espèces de Fourmis. On croyait autrefois que ces industrieux Hyménoptères n'avaient point la coutume de remplir des greniers pour l'hiver. Cette opinion a longtemps prévalu, grâce à l'autorité d'Huber, si compétent en ces matières, et qui la défendait. Mais on avait étudié seulement les Insectes des pays septentrionaux, qui, pendant la mauvaise saison, s'engourdissent et restent plongés dans leur sommeil hivernal. Ceux-ci, naturellement, n'ont pas besoin de se pourvoir d'aliments pour cette période; on avait tort de généraliser le fait. Les Fourmis du Midi restent actives toute l'année. Un naturaliste anglais, Moggridge, qui a passé plusieurs hivers à Menton, a mis le fait hors de doute. Miné par un mal sans remède et qui l'a emporté, il ne laissait pas, dans les dernières années de sa vie, que d'observer la nature et de consigner, pour l'instruction des autres, ces faits qui l'intéressaient et qu'il ne pouvait plus étudier pendant longtemps. En 1873, il s'aperçut que les Fourmis de l'espèce *Atta barbara* emmagasinent des graines. Elles s'adressent à des plantes d'espèces variées, qui presque toutes appartiennent aux genres suivants : *Fumeterre, Avoine, Ortie, Véronique, Linaire, Cardamine,* etc. Elles se procurent ces graines vers la fin de l'automne, vont les recueillir sur le sol, et même, lorsqu'il n'en tombe pas suffisamment, grimpent sur les plantes et s'en emparent en place. Les Insectes déploient à ce travail l'activité propre à leur race, et ne s'arrêtent point qu'ils n'aient emporté dans leurs greniers la quantité de provisions qu'ils désirent.

Lorsque leurs richesses sont rendues au nid, les Fourmis les entassent dans une centaine de petites salles disposés à cet effet, mesurant chacune 7 à 8 centimètres de diamètre sur 3 à 4 de hauteur; leur forme peut être comparée à celle d'un verre de montre renversé. En additionnant les quantités de graines réparties dans ces différents greniers, on trouve qu'elles peuvent être évaluées à environ 500 ou 600 grammes, ce qui représente un grand nombre de repas pour d'aussi légers appétits, et ce qui a dû coûter un colossal travail, si l'on compare le résultat atteint à la taille des ouvriers.

La récolte faite et rentrée, les *Atta barbara* n'ont point accompli leur tâche; elles sont trop ingénieuses pour se borner à attendre en se croisant les pattes

que le moment d'en jouir soit venu, sans se préoccuper des avaries qui peuvent survenir. Leur premier
soin est d'empêcher les graines de germer pendant
quelques semaines. Comment obtiennent-elles ce résultat ? On ne sait pas au juste, mais il est certain que la
germination ne se produit pas, malgré toutes les conditions favorables de chaleur et d'humidité qu'offre l'intérieur de la fourmilière ; il est non moins sûr que cet
arrêt est dû aux Fourmis. On le démontre d'une façon
bien simple. Il suffit d'interdire aux Insectes l'accès
d'une des chambres, aussitôt les graines se mettent à
germer. Il n'est pas permis de supposer autre chose
qu'une action directe des Fourmis, et toutes les hypothèses que l'on pourrait émettre en dehors, tombent
devant ce seul fait : le phénomène arrêté se produit
aussitôt que les *Atta barbara* ne sont plus à même
d'agir sur lui.

Donc, elles arrêtent la germination sans la rendre
impossible, et, lorsque vient le moment d'utiliser les
réserves accumulées, leur premier soin est de laisser
les graines suivre leur évolution normale. L'enveloppe se rompt, la plantule fait son apparition au
dehors, radicule et tigelle viennent au jour. Mais les
Fourmis ne vont pas permettre au développement
d'aller trop loin. La petite plante, pour se former et
s'accroître, digère l'amidon que contient l'albumen ;

car elle n'est pas apte encore à puiser directement sa nourriture dans le sol; pour être absorbé et assimilé, cet amidon doit au préalable être transformé en glucose. Cette transformation chimique s'effectue au milieu même de la graine, qui, juste à ce moment, a une saveur sucrée. C'est comme cela que les Fourmis l'aiment. Aussi, comme un vigneron qui surveille la fermentation de sa cuve et l'arrête avant que le vin n'aigrisse, elles arrêtent la digestion de l'albumen à cette étape. Si l'on ne sait point de quelle manière elles s'y prennent pour retarder la germination, du moins a-t-on reconnu comment elles la rendent impossible après l'état dont nous venons de parler. C'est la plantule qui absorberait le glucose formé, c'est donc elle qu'il faut détruire : elles en tranchent la radicule avec leurs mandibules et rongent la tigelle; le germe est ainsi supprimé. Elles n'en ont point encore fini avec les manipulations qui doivent leur permettre de conserver sans altérations ultérieures, les provisions qu'elles ont déjà amenées à être de leur goût. Elles transportent tout leur bien au soleil, le font sécher et le rentrent de nouveau dans les greniers.

Tant que dure l'hiver, elles se repaissent de cette farine sucrée. Une particularité anatomique les met à même d'en tirer tout le parti possible, leur bouche est disposée de façon à pouvoir absorber des particules solides, elles mangent la poudre d'albumen différant en cela de leurs congénères du Nord obligées par leur appareil buccal à se nourrir exclusivement de sucs.

Nous avons comparé le travail de ces Fourmis avec celui du vigneron. L'un et l'autre en effet utilisent des phénomènes chimiques se passant au sein d'une matière vivante, l'un et l'autre savent, à un moment donné, s'opposer à des transformations poussées trop loin. Ni l'un ni l'autre d'ailleurs ne se rendent compte du travail des diastases et des ferments. Les ancêtres de l'un comme ceux de l'autre ont trouvé par hasard le procédé et il se transmet de génération en génération.

Fourmis agricoles. — L'art d'amasser des réserves est encore plus perfectionné par une Fourmi qui habite l'Amérique du Nord. On la nomme *Pogomyrmex barbatus* ou encore Fourmi agricole, à cause de ses mœurs. Elle se livre à un certain nombre d'actes préparatoires, et pousse la prévoyance plus loin que pas un animal, parce qu'elle soigne son bien en herbe. Ce sont aussi des graines que ces Insectes recueillent; mais les graines d'une seule espèce de graminée. Le fait de ce choix les conduit à donner de véritables soins à leur plante préférée. Ils agissent de telle sorte que, si l'on se trouvait en présence d'une tribu d'Hommes, on dirait purement et simplement qu'ils cultivent. L'art de soigner la terre, en vue d'augmenter les produits qu'elle doit donner, est certes, de toutes les manifestations de l'activité humaine, celle que l'on s'attendrait le moins à rencontrer parmi les animaux. Il est pourtant impossible de qualifier autrement la conduite des Fourmis agricoles. Le terrain qu'elles préparent se trouve au devant de leur fourmilière ; c'est une terrasse qui mesure en superficie un mètre carré ou plus : là, elles ne souffrent aucune autre plante que celle dont elles se proposent de recueillir la semence. Celle-ci ressemble assez à la graine de notre riz, aussi en Amérique la désigne-t-on sous le nom de riz de Fourmis. Une pareille culture représente pour ces Insectes une propriété bien plus importante qu'un champ de blé pour l'Homme. C'est par rapport à eux une forêt plantée de si grands arbres, qu'en proportion les baobabs et les sequoias sont des pygmées. On ne saurait dire si les Pogomyrmex ensemencent leur riz, la chose est possible, mais elle n'a pas été dûment constatée. Quoi qu'il en soit, elles ne permettent à aucune plante de croître au voisinage de leur graminée, et de retirer de la terre les sucs nourriciers qu'elles veulent réserver pour celle-ci seulement. A proprement parler, elles sarclent leur champ, tranchant avec les mandibules toutes les mauvaises herbes à mesure qu'elles sortent du sol. Les Fourmis apportent à ce travail la plus grande diligence, et pas une pousse étrangère n'échappe à leurs investigations. Ainsi soignée, leur culture devient florissante, et à l'époque de la maturité, les graines sont recueillies une à une et transportées dans l'intérieur du terrier. Comme tous les laboureurs, ces Hyménoptères sont à la merci d'une averse qui survient pendant la moisson. Elles savent bien que dans ce cas leurs provisions seraient compromises si elles les rentraient dans cet état, et qu'elles risqueraient de germer ou de pourrir dans les greniers. Aussi, au premier soleil, voit-on toutes les Fourmis reprendre les graines les porter dehors, et ne les rentrer de nouveau que lorsqu'elles ont été desséchées à fond.

Animaux domestiques des Fourmis. — En suivant dans les différentes espèces animales les perfectionnements apportés à l'art de s'approvisionner pour l'avenir, nous sommes arrivés pas à pas à des procédés assez voisins de ceux que l'Homme emploie. Mais une prévoyance plus grande, encore plus rapprochée de la sienne, se manifeste chez la plupart des Fourmis, qui élèvent et gardent auprès d'elles des animaux d'espèces différentes, non point pour manger leur chair à un moment donné, mais pour tirer profit de certaines sécrétions de ces êtres,

Fig. 20. — Fourmis et leurs Pucerons.

exactement comme l'Homme utilise le lait d'une Vache, d'une Brebis ou d'une Chèvre. Les Fourmis ont de véritables animaux domestiques, appartenant à un grand nombre d'espèces, mais les plus répandus sont les Claviger et les Pucerons. Pour avoir ces Insectes à leur disposition, les Hyménoptères agissent de plusieurs façons : les uns, ce sont les moins expérimentés, se contentent de profiter d'un Puceron en liberté, que le hasard a mis sur leur chemin ; les autres enferment leur bétail dans des étables situées au milieu des fourmilières, ou bien le parquent dans la campagne, au lieu même où il trouve sa nourriture préférée. Ces faits ont été très bien étudiés, sont depuis longtemps connus, et ne laissent aucune place pour le doute.

Le *Claviger testaceus* est un petit Coléoptère que l'on rencontre très souvent dans les habitations des Fourmis. La nature ne s'est point montrée prodigue de dons à son égard. Il est aveugle, et même ses yeux sont tout à fait atrophiés. Les élytres étant soudées par leur bord médian, il ne peut déployer ses ailes et voler. C'était un animal prédestiné au joug ; d'ailleurs, ses maîtres le traitent avec une extrême bienveillance. Les Fourmis jaunes, d'après le pasteur Müller, ont réduit en domesticité ce rebut des Coléoptères, et c'est pour lui presque une bonne fortune d'avoir perdu une liberté dont il ne savait que faire, et d'avoir gagné en échange un abri et un râtelier bien garni. Ces aveugles-nés sont en effet soignés par leur maitres, qui les nourrissent en dégorgeant dans leur bouche les liquides sucrés butinés çà et là. Lorsqu'on vient à déranger un de leurs nids, les Fourmis affairées se hâtent de transporter leurs œufs et leurs larves pour les soustraire au danger ; on est tout étonné de les voir déployer la même sollicitude à l'égard des *Claviger* et les emporter délicatement au fond de leurs galeries. Il ne faudrait pas croire que le pratique Insecte déroge à ses habitudes, et prenne tant de soins pour réparer l'injustice de la nature à l'égard du Coléoptère — ce rôle d'infirmière dévouée lui irait assez mal ; — il soigne le Claviger parce que c'est son bien, sa propriété, un capital qui rapporte comme intérêt de bonnes petites gouttelettes sucrées, douces à humer.

Une Fourmi jaune veut-elle jouir du produit des soins qu'elle donne à son pensionnaire ? Elle s'approche de lui et le caresse doucement de ses antennes ; l'autre se laisse faire, marque même du plaisir de cette visite ; et bientôt perle sur les touffes de poils qui bordent ses élytres une humeur dont le goût est fort agréable à la Fourmi, et qu'elle s'empresse de lécher. Le Coléoptère est ainsi exploité et chatouillé par tous les membres de la communauté dont il dépend, et qui le rencontrent sur leur chemin. Mais, lorsqu'il a été trait deux ou trois fois, il ne sécrète plus rien. Une solliciteuse, arrivant à ce moment se trouve frustrée de la prébende sur laquelle elle comptait, elle se comporte néanmoins en bon pasteur : et ne témoigne au bétail épuisé ni impatience, ni colère, sachant bien qu'il lui suffit de revenir un peu plus tard, ou de choisir une autre pièce du troupeau. Même, ses égards ne sont point amoindris en voyant tarir la source sucrée. Prévoyante, elle soigne ce Claviger qui sera encore bon après un peu de repos ; et, s'il a faim, elle lui dégorge de la nourriture.

Des degrés dans la civilisation d'une même espèce de Fourmis. — Ces faits sont assez merveilleux par eux-mêmes ; mais le plus surprenant, c'est qu'on ne peut, en aucune façon, les considérer comme un instinct inné et irréfléchi, dont tous les individus d'une même espèce seraient doués. Cet art de domestiquer les Claviger est une étape de civilisation franchie par certaines tribus, et pas par d'autres. M. Lespès a mis ce point hors de conteste de la façon suivante. Il avait des *Lasius niger* qui exploitaient un troupeau de Coléoptères. Ayant rencontré des Fourmis de cette espèce qui n'en possédaient pas, il leur en donna. A la vue des petits Insectes, elles se jetèrent sur eux, les tuèrent et les dévorèrent. Si l'on rapproche cet ensemble de faits de ceux qui se passent au milieu des sociétés humaines, il nous semblera que les derniers Hyménoptères se comportent comme le ferait une peuplade de chasseurs mise en présence d'un troupeau, tandis que les premiers sont arrivés déjà au degré de la tribu des pasteurs.

Étables et parcs à Pucerons. — Pour les Pucerons, les Fourmis peuvent aussi les conserver à domicile. Dans ce cas, craignant que les bêtes adultes ne puissent se faire au changement de milieu et d'alimentation, elles rapportent à leurs nids des œufs et les soignent en même temps que leurs propres enfants. Peu à peu, ils éclosent et constituent un troupeau aussi facile à apprivoiser que les fauves... nés à la ménagerie.

D'autres, plus perspicaces encore, ont trouvé le moyen de tenir les Pucerons captifs, tout en les laissant jouir de leur vie accoutumée, se nourrir à leur façon des aliments qu'ils préfèrent, aux endroits qu'ils aiment le mieux. Il leur suffit pour cela d'établir des barrières autour d'un groupe de bestioles, qui ont fixé elles-mêmes leur lieu de séjour.

Le *Lasius niger*, architecte habile, construit des chemins voûtés pour aller de son domicile dans la campagne. Ces routes couvertes, bâties de terre humectée de salive, sont élevées de la manière que nous verrons, à propos de l'habitation. Les galeries ont des buts variés ; les unes ont été faites afin de pouvoir aller au travail lointain à l'abri du soleil, ou d'être caché des ennemis. Beaucoup conduisent à des parcs de Pucerons, elles vont de la fourmilière jusqu'au pied d'une plante où ces Insectes sont abondants. Afin d'avoir les Vaches à lait à leur disposition sans les éloigner des pâturages, voici quel travail accomplissent les Fourmis : elles font monter des tunnels le long d'une tige, et enferment dedans tous les Pucerons qu'elles rencontrent. Ainsi sont enrayées toutes les velléités de promenade lointaine. Cependant, pour que le troupeau ne se trouve pas trop à l'étroit, les *Lasius niger* élargissent les galeries d'endroit en endroit, et font des sortes de chambres ou d'étables, où les bestiaux peuvent s'ébattre à l'aise. Ces salles, fort vastes, toutes proportions gardées, sont appuyées contre les branches et les feuilles de la plante, qui en soutiennent les parois et les voûtes. Les captifs se trouvent donc dans de bonnes conditions de vie matérielle, et on peut venir les traire avec toutes les facilités désirables.

Une espèce de Fourmis, voisine de celle-ci, le *Lasius brunneus*, vit presque exclusivement de la sécrétion sucrée des gros Pucerons établis dans l'écorce des chênes et des noyers. Ils construisent autour de ces bénévoles Insectes des cabanes faites avec des détritus de bois, et les murent complète- ment pour les tenir toujours à leur discrétion.

Les *Myrmica* pratiquent aussi ce genre de pacage, leur système est un peu moins perfectionné que celui des Lasius, parce qu'elles ne font pas de galeries cou- vertes pour arriver à leurs étables. Elles se conten- tent de bâtir autour d'une colonie de larges cases maçonnées en terre. Un petit trou, qui permet le passage de la Fourmi et non la fuite du troupeau, est pratiqué pour qu'elles puissent venir traire leurs Vaches. Elles opèrent de la façon que nous avons décrite à propos du Claviger, en sollicitant l'Insecte avec les antennes, jusqu'à ce qu'il laisse perler la gout- telette sucrée qu'elles attendent.

On cite un exemple qui montre chez la Fourmi une perspicacité et une prévoyance plus grandes encore. On les a vues repeupler leurs territoires après une épizootie, ou du moins après la destruction de leurs Pucerons. Un arbre était couvert de ces bestioles en exploitation, le propriétaire de l'arbre se débarrassa de ces hôtes incommodes, par des lavages répétés. Mais cela ne faisait point l'affaire des Hyménoptères dépossédés; ce pâturage à proximité du nid était tout à fait à leur convenance pour y faire vivre un troupeau.

Aussi résolurent-ils de le repeupler, et l'on put voir pendant quelque temps tous ces tenaces Insectes, qui rapportaient et réunissaient dans le feuillage des Pucerons capturés au loin.

L'esclavage chez les Fourmis. — La coutume de faire des esclaves est très répandue dans le monde des Fourmis ; nous avons raconté plus haut les expéditions qu'elles organisent pour se les procurer. Voyons maintenant les rapports de ces Insectes entre eux.

La *Formica sanguinea* s'empare des œufs de la *Formica fusca* et les élève avec les siens. Lorsque les esclaves sont arrivés à l'état adulte, ils vivent aux côtés de leurs maîtres, partageant leurs travaux, car ceux-ci travaillent, sont habiles à toutes les tâches et peuvent, par leur seule activité, construire une fourmilière et l'entretenir. S'ils veulent des domestiques, ce n'est pas pour se décharger sur eux de toute la besogne, mais pour avoir des aides intelligents et susceptibles de les comprendre. C'est la forme primitive de l'esclavage, tel qu'il a d'abord existé chez l'Homme. C'est plus tard seulement qu'il s'est modifié, pour devenir une institution contre laquelle les sentiments de justice ont fini par s'insurger ; au reste, d'autres espèces de Fourmis ont poussé l'exploitation de l'esclave à un point que l'Homme n'a jamais atteint. Quoi qu'il en soit, les *Formica sanguinea* sont pour leurs aides des compagnons plutôt que des maîtres ; ils ont même pour eux de grands égards. Lorsque la colonie émigre, on voit les possesseurs du nid, qui sont d'une taille supérieure aux *Formica fusca*, prendre celles-ci dans leurs mandibules, et les transporter tout le long du chemin.

Les *Amazones* (*Polyergus rufescens*) agissent autrement. Très habiles à se procurer des esclaves, puissamment armées pour les expéditions triomphantes et les razzias, leurs nids renferment toujours des légions de serviteurs ; et la coutume d'être servi s'est tellement imprimée sur la race, par hérédité, qu'elle est devenue un instinct plus fort même que celui de la conservation personnelle. La Fourmi maîtresse a non seulement perdu le goût et l'idée du travail, mais jusqu'à l'habitude de se nourrir seule, et elle se laisserait mourir de faim (le fait a été constaté) auprès d'un tas de miel ou de sucre, si une Fourmi cendrée n'était pas là pour le lui mettre dans la bouche.

Toute leur industrie se déploie dans l'acquisition des captifs. Les Polyergus se gardent bien d'introduire dans leurs demeures des adultes qui ne pourraient se résoudre à la perte de leur liberté, et se laisseraient tuer plutôt que de travailler pour d'autres.

Elles enlèvent des larves de *Formica fusca* et de *Formica cunicularia*. Apportées à la fourmilière, ces larves sont remises entre les mandibules d'esclaves de leur espèce, qui en prennent soin ; elles naissent captives et n'ont ni le regret, ni même l'idée de la vie libre. Chez les Amazones, les esclaves se chargent de tous les travaux, ce sont eux qui maçonnent, qui soignent les larves de leurs maîtres avec celles qu'ils ont ravies dans les expéditions. Ils ont en plus auprès des Polyergus un service personnel compliqué. Ils leur apportent à manger, les lèchent pour enlever la poussière qui s'attache à leurs poils, les nettoient, les transportent d'un endroit dans un autre s'il y a lieu d'émigrer, bien qu'ils soient de beaucoup plus petits. Mais aussi les maîtres, à force de se désintéresser du travail, perdent voix au chapitre lorsqu'il s'agit de prendre une résolution qui intéresse toute la colonie. Les serviteurs agissent de leur propre initiative et sous leur responsabilité, dirigent les constructions à leur idée, et même dans les cas graves, comme l'est une émigration, les fainéants, déchus du droit de vote, ne paraissent pas être consultés. Les travailleurs délibèrent entre eux, prennent un parti et passent à l'exécution. Ils transportent leurs pénates, les œufs, avenir de la cité, et les Amazones, qui en sont devenues les parasites. Le fait le plus curieux est de voir les esclaves si bien soumis à ce sort précaire, alors que les maîtres sont devenus dans leur absolue dépendance, il est juste de dire que les robustes mandibules de ceux-ci ne doivent pas peu contribuer à entretenir le prestige dont ils jouissent.

CHAPITRE IV

PROVISIONS POUR L'ÉLEVAGE DES JEUNES

Conservation de l'individu et conservation de l'espèce. — Provisions fabriquées par les parents pour les jeunes. — Espèces qui assurent à leurs larves les provisions fabriquées par autrui. — Cadavres d'animaux mis en réserve. — Provisions d'animaux vivants paralysés. — A quoi est due la paralysie. — Instinct sûr. — Cas analogues où l'instinct spécifique est moins puissant et l'initiative individuelle plus considérable. — Genres les moins habiles dans l'art de paralyser des victimes.

Conservation de l'individu et conservation de l'espèce. — Dans le précédent chapitre, nous avons vu des animaux prévoyant l'avenir, et amassant des matériaux pour leur propre subsistance; dans d'autres cas, ces provisions sont destinées à la première nourriture des jeunes. C'est la même industrie appliquée tantôt pour assurer la conservation de l'individu, tantôt en vue de la perpétuité de la race. Il faut s'attendre à trouver les actes de cette dernière catégorie beaucoup plus instinctifs et moins réfléchis que ceux de la première, et cela concorde bien avec la théorie de l'évolution et de la sélection naturelle. Si, maintenant, nous voyons les êtres vivants mettre en jeu tant de ressources, calculer avec une inconcevable sûreté tout ce qui peut favoriser le bon développement de leurs descendants, on ne doit pas forcément en conclure que les espèces ont été dès l'origine douées de ces instincts. Il ne faut pas les considérer comme des mécaniques remontées avec art, et fonctionnant depuis l'apparition de la vie sur la terre, avec la même régularité fatale. Les qualités que nous leur découvrons, ont apparu faibles d'abord, se sont développées dans la suite des temps, et ont fini, grâce à l'hérédité, par s'imprimer sur les êtres et se manisfester par autant d'actes nécessaires auxquels ils ne peuvent plus se soustraire. Il n'y a pas lieu de s'étonner si aujourd'hui nous rencontrons, je ne dirai pas chez tous, mais du moins chez un très grand nombre d'animaux, cette prévoyance pour la progéniture bien caractérisée. On comprend que les espèces ayant les premières acquis et fixé un instinct propice à l'accroissement de la race ont rapidement prospéré, étouffant sous leur extension celles qui étaient moins favorisées à ce point de vue, capital dans la lutté des êtres pour leur place au soleil. A l'heure actuelle, si l'étude du règne animal offre peu de faits d'imprévoyance pour l'élevage des jeunes, c'est que ce défaut a tué les races qui en étaient infirmées ; elles ont disparu, ou bien elles ont été sauvées par des qualités d'un autre ordre.

Au reste, s'il nous est difficile de reconstituer, autrement que par la pensée, les différentes étapes par lesquelles ont passé, dans le temps, et sur une espèce déterminée, les actes d'abord imparfaits mais voulus qui sont devenus parfaits et instinctifs ; nous pouvons du moins retrouver, dans l'espace, différents degrés du même instinct chez des genres voisins, qui nous amènent, par une suite de transitions ménagées, de l'action machinale à l'action réfléchie.

Ne pouvant songer à citer tous les faits où se manifeste un tel souci de l'avenir, nous allons en prendre seulement quelques-uns.

Disons d'abord que pour un nombre considérable d'animaux, il n'existe rien de pareil. Puis laissons de côté tous les êtres inférieurs, pour parler de ceux chez lesquels on peut attendre quelque combinaison. Les Crustacés, les Poissons, les Batraciens et combien d'autres, pondent leurs œufs, se contentent de les dissimuler un peu pour qu'ils ne deviennent pas une proie trop facile, et ne se soucient plus le moins du monde de ce qui en résultera. Aussitôt éclos, les jeunes pourvoient eux-mêmes, au jour le jour, à leur nourriture ; il en est détruit des myriades, et si les races restent numériquement aussi fortes, c'est qu'une autre circonstance les sauve, je veux dire l'innombrable quantité d'œufs que peut produire une seule femelle. Sans leur prodigieuse fécondité, ces espèces auraient maintenant disparu. Les Oiseaux ne font point de provisions pour leurs petits ; mais par contre, tant que ceux-ci sont faibles, et incapables de trouver des proies, chaque jour ils les nourissent et font double chasse, pour eux et pour la couvée.

Nous n'insisterons pas sur les êtres qui, comme les Mammifères, produisent des réserves physiologiques, non pour les utiliser eux-mêmes, mais pour en faire profiter leurs petits. Les femelles de ces animaux élaborent des matériaux extraits de leurs aliments, les emmagasinent sous forme de lait pour en nourrir les jeunes. Ce fait se relie à la prévoyance en vue de la progéniture exactement de la même manière que le fait des Fourmis à miel était une transformation de la prévoyance pour l'individu. Dans ces deux cas, l'industrie est remplacée par la fonction d'un organe spécialement adapté.

Provisions fabriquées par les parents pour les jeunes. — Ce sont les Insectes surtout qui, à ce point de vue, nous montrent de véritables industries, plus ou moins fortement instinctives, suivant les cas. Tout le monde a présente à l'esprit la manière d'agir des

Hyménoptères qui préparent du miel avec le pollen des fleurs, un peu pour eux d'abord, mais surtout pour que les jeunes au moment de l'éclosion aient un aliment de choix, qui leur permette de subir, à l'abri des intempéries du dehors, leurs premières métamorphoses. Ces provisions sont enfermées avec un art savant suivant les espèces, soit dans des alvéoles de cire, construites avec une extrême habileté, ainsi que font les Abeilles, soit dans les nids de papier ou de carton que fabriquent les Guêpes, soit encore dans des cases bâties de terre et de salive, à la manière du Chalicodome.

Espèces qui assurent à leurs larves les provisions fabriquées par autrui. — D'autres Insectes n'ont pas le goût de ce long travail, et, au surplus, ne savent pas le faire ; mais ils n'entendent point que leurs petits soient victimes de l'inhabileté maternelle, aussi déploient-ils des ressources merveilleuses pour les faire jouir de la prévoyance d'un autre.

Le *Sitaris muralis*, Coléoptère voisin des Meloë, et dont les mœurs ont été décrites par Fabre d'une façon remarquable, peut compter parmi les plus adroits pour assurer le bien d'autrui à sa larve. Il la met à même d'en profiter ; et celle-ci, lorsqu'elle est installée, sait d'ailleurs suffisamment se tirer d'affaire. Depuis si longtemps l'espèce se perpétue, grâce à ce procédé, qu'il est devenu, chez la mère aussi bien que chez le jeune, automatique au plus haut degré. C'est un Hyménoptère que cette famille, où le vol est la première manifestation vitale, met ainsi à contribution. Il s'appelle *Anthophora pilifera*, et pendant la belle saison, il prépare les provisions de miel, qui devraient être absorbées par sa propre larve, s'il n'avait le malheur de rencontrer au bord de son terrier un des intrigants Coléoptères qui le guette. Partout où la mollasse de Provence forme une muraille à pic, naturelle ou artificielle, petite falaise, talus de fossé ou paroi d'une de ces caves que les gens du pays disposent dans la campagne pour y serrer leurs outils, l'Anthophora creuse des galeries, au fond desquelles il maçonne un certain nombre de loges. Il remplit chacune d'elles de miel, dépose un œuf qui flotte au milieu de ce petit lac de nectar, et ferme le tout. Le Sitaris convoite pour sa progéniture, l'œuf qui vient d'être pondu, le miel qui doit le nourrir et la loge qui l'abrite. En vérité, on ne saurait être plus exigeant. Après avoir découvert une des galeries dont nous venons de parler, la femelle du Coléoptère vient, au commencement de septembre, y opérer sa ponte, qui est considérable, et n'est pas formée de moins de deux mille œufs. Un mois après, c'est à dire en octobre, a lieu l'éclosion des larves, qui sont noires, et grouillent en un petit tas pêle-mêle avec des débris de coquille d'œufs. Elles végètent dans cet état pendant très longtemps et on les retrouve ainsi vers le mois de mai. A cette époque, elles sont devenues plus agiles et songent, pour achever leur développement, à profiter de leur situation propice à l'entrée d'une galerie d'Hyménoptères; lorsqu'un mâle d'Anthophora passe à portée, deux ou trois d'entre elles s'accrochent à lui, et grimpent jusque sur son thorax. Elles s'y maintiennent en se cramponnant aux poils. Au moment de la fécondation, ce mâle, ainsi chargé, s'approche de la femelle, les larves de Coléoptère passent sur celle-ci, en sorte que, suivant la belle expression de Fabre, la rencontre des sexes donne en même temps aux œufs la vie et la mort. Désormais fixés sur cette pondeuse, les petits Sitaris restent cois et n'ont plus qu'à attendre, leur avenir est assuré. Cependant l'Anthophora a fait ses loges, et avec la plus soigneuse diligence, a rempli de miel chacune d'elles. Puis au milieu elle dépose un œuf qui reste flottant à la surface comme une petite nacelle; la mère, sa tâche accomplie, passe à une nouvelle cellule pour lui confier un autre de ses descendants. Pendant ce temps, la larve parasite descend au long des poils de l'abdomen, à la hâte, elle se laisse choir sur l'œuf de l'Hyménoptère, et elle y est portée comme sur un radeau; sa chute doit se produire à l'instant précis qui lui permet d'aborder, sans tomber dans le miel, dont elle n'a que faire pour l'instant, et où elle périrait engluée. De cet ensemble de circonstances résulte l'introduction d'un seul Sitaris dans une loge ; le moment dont il faut profiter est trop court pour qu'il soit donné à plusieurs d'entre eux de le saisir. Si la femelle d'Anthophora en porte d'autres dissimulés dans ses poils, ils sont obligés d'attendre une nouvelle ponte pour se laisser glisser. Enfermée ainsi avec l'œuf d'Hyménoptère et sa provision de miel, la larve n'a point à craindre la concurrence d'aucun rival, et va seule utiliser toute la prébende. Ce parasitisme est devenu à un tel point une coutume de l'espèce, que l'organisation même de la larve en a été modifiée. Au moment où elle vient de choir dans la cellule, elle ne peut se nourrir de miel. Il faut, il est indispensable à son développement qu'elle dévore d'abord l'œuf sur lequel elle flotte, elle ne peut à cette période se nourrir d'autre aliment. Au demeurant, en agissant de cette sorte, elle se débarrasse en même temps pour l'avenir d'un vorace, qui prendrait sa part des provisions. Ce premier repas dure environ huit jours, au bout desquels elle opère une mue, prend une autre forme, et se met à nager sur le miel, le dévorant à mesure. Maintenant sa constitution lui permet de l'assimiler. Peu à peu son développement s'achève, avec des particularités extrêmement intéressantes, mais dont l'étude sortirait de notre cadre.

La larve de *Sitaris* est donc dans des conditions exceptionnellement favorables pour s'accroître ; mais, en dépit des apparences, il n'y a pas lieu d'admirer une prévoyance merveilleuse et une extraordinaire sûreté d'instinct ; presque tout dépend d'une circonstance fortuite, d'un véritable hasard. Ceci devient bien évident si nous étudions un autre Coléoptère voisin de celui-ci ; il s'appelle *Sitaris Colletis* et vit aux dépens d'un Hyménoptère, le *Colletes*, comme son parent aux dépens de l'Anthophora. Mais ces deux espèces d'un même genre sont très inégalement servies par la chance. Celui dont nous venons de retracer l'histoire s'attache sur un Insecte dont l'œuf flotte au-dessus de la provision de miel, le second choisit une victime qui attache son œuf sur les parois de la loge (fig. 21). Cette différence, presque insignifiante, a un retentissement considérable sur l'évolution du parasite. Dans le premier cas il est seul et se développe sûrement à tout coup ; dans le second, au contraire, plusieurs Sitaris pénètrent dans la loge, et montent à l'assaut de l'œuf qui, dans ce cas encore, doit être leur premier aliment. Cette concurrence donne naissance à des luttes à mort. Il peut arriver que l'une des larves soit notablement plus vigoureuse que ses rivales et qu'elle puisse s'en débarasser ; dans ce cas elle survivra. Envisageons le sort réservé aux deux espèces. Combien la première est plus favorisée, puisqu'un hasard heureux permet que chaque germe donne un individu, dans la seconde, chaque être qui

Fig. 21. — *Sitaris Colletis*

achève son évolution coûte la vie à plusieurs de ses frères. Et encore c'est le cas optimum, car il se peut fort bien qu'aucun des Sitaris entrés dans une loge ne parvienne à l'état adulte. Si le premier arrivé a commencé l'absorption de l'œuf de Colletes, un second affamé peut le tuer au milieu de son repas, et continuer à sa place. Mais le vainqueur trouve des provisions déjà réduites, insuffisantes pour lui permettre d'atteindre jusqu'à la mue, à la suite de laquelle il pourra profiter du miel. Mal nourri, affaibli, il ne supporte pas cette crise et son cadavre tombe auprès de celui qu'il a sacrifié. Trois ou quatre parasites peuvent ainsi se succéder au même festin, et la victoire du dernier lui est inutile. Sa première lutte pour la vie, son premier triomphe est suivi d'un irréparable écrasement. Ces deux exemples montrent donc bien à quel point une différence légère peut favoriser une espèce, et combien une qualité heureuse est susceptible de se perpétuer par hérédité, puisque, par sa nature même, elle est destinée a être répandue sur des êtres plus nombreux.

Cadavres d'animaux mis en réserve. — Ces Insectes assurent à leurs petits des réserves fabriquées soit par eux-mêmes, soit par d'autres; la catégorie dont nous allons parler maintenant fait provision d'animaux tués ou engourdis, avec plus ou moins d'art, avec un instinct plus ou moins sûr.

Il n'est guère de personnes qui n'aient, dans les champs ou les jardins, vu travailler des *Nécrophores*. Ce sont de gros Coléoptères, qui se nourrissent de charognes abandonnées; tout leur est bon, cadavres de petits Mammifères, d'Oiseaux, de Grenouilles; ils sont extrêmement faciles et, pourvu que la bête soit morte, cela va très bien. Lorsqu'ils ont rencontré de tels débris, et qu'ils songent seulement à assouvir leur faim, ils ne se mettent point en frais, et rongent leur proie sur le lieu même où il l'ont trouvée. A ce festin, ils ne sont pas seuls, et malgré leur diligence, de nombreux rivaux, accourus des herbes voisines, le leur disputent; il faut partager avec tout un monde de Mouches et d'Insectes, aussi voraces que bruyants. Adultes, ils sortent de cette concurrence et arrivent à se tirer d'affaire; en bons parents, ils voudraient l'éviter à leurs larves, qui, trop faibles, pourraient en souffrir durement; ils pensent alors à leur assurer un cadavre pour elles seules, et à cet effet ils l'enfouissent en terre. D'autre part les œufs, qui vont ainsi se développer au milieu du sol, ont plus de chances d'échapper à la destruction par les divers Insectivores. Voici la façon d'agir de ces fossoyeurs. Ont-ils rencontré un Rat (fig. 22) ou un petit Oiseau mort, ils associent leurs efforts à trois ou quatre, se glissent au-dessous de lui, et fouissent avec une activité sans égale; la terre retirée du trou est rejetée au loin en arrière avec les pattes. Ils ne s'arrêtent pas, et l'on peut bientôt constater que leur travail avance. Le Rat peu à peu s'enfonce dans la fosse qui s'approfondit à mesure. Lorsqu'ils ont eu la bonne fortune de trouver une terre meuble, ils arrivent en moins de deux heures à descendre la proie convoitée à une profondeur de trente centimètres. A ce niveau ils s'arrêtent, et rejettent dans le trou les déblais qui en ont été retirés ; ils ont bien soin d'aplanir le petit tertre qui décèlerait cette tombe. Ainsi emmagasinné, le cadavre est prêt à recevoir les œufs des Nécrophores. Les femelles entrent dans le sol et pondent sur le Mammifère enterré, puis elles se retirent l'esprit en repos sans doute, et satisfaites d'avoir laissé leurs petits en tête à tête avec d'abondantes provisions, pour le moment où ils vont éclore. Quand elles sortent de leur enveloppe, les jeunes larves se trouvent en face de ces réserves, que la putréfaction a amollies et rendues des plus propices à leur alimentation, aussi se hâtent-elles de les dévorer à belles mandibules.

Si la trouvaille n'était point tombée sur un endroit facile à fouir, les Nécrophores l'ont vite reconnu, et ne s'obstinent pas dans un travail ingrat. Doués d'une force considérable par rapport à leur taille, ils se glissent trois ou quatre au-dessous de la proie, et, réunissant et coordonnant leurs efforts, ils la transportent à quelques mètres de là, sur une place que, par expérience de terrassiers, ils savent devoir se prêter à leurs désirs.

Il peut arriver pourtant qu'un terrain meuble soit loin de là, le transport devient alors une tâche trop considérable ; ils s'en avisent sans tarder et ils y renoncent. Et comme une charogne ne doit jamais

Fig. 22. — Nécrophores.

être perdue, ils l'utilisent à leur profit, s'en repaissent, attendant pour leur progéniture une aubaine plus maniable.

Maints observateurs ont étudié ces Nécrophores, et tous demeurent surpris de leur ingénieuse sagacité et de leurs façons d'opérer si diverses et si bien adaptées aux circonstances; une véritable réflexion préside à tous leurs actes, qui sont toujours combinés en vue de l'effet à produire.

Provisions d'animaux vivants paralysés. — Il n'est pas besoin de dire combien serait préférable pour la jeune larve d'avoir à sa disposition, au lieu d'un cadavre, un animal vivant, mais paralysé et rendu immobile par un procédé quelconque. A peine pourrait-on croire une telle chose possible, cependant rien n'est plus certain. Il y a des Hyménoptères, voisins des Guêpes, et que l'on nomme les *Sphex*. Au lieu de faire comme celles-ci des réserves de miel, ils emmagasinent pour la larve des provisions animales. Fabre, en 1856, a étudié les mœurs de l'un d'eux : le *Sphex flavipennis*, et il a publié à cette époque ses observations dans les *Annales des Sciences naturelles*. C'est en septembre que cette Guêpe effectue sa ponte, elle creuse, pendant ce mois, pour abriter ses petits, une dizaine de terriers et les approvisionne. Elle doit donc consacrer environ trois jours de travail à chacun d'eux, et il y a beaucoup à faire, ainsi qu'on en peut juger. Le Sphex, pour chacune de ses cachettes, procède de la manière suivante. Il perce d'abord une galerie horizontale d'environ deux ou trois pouces de longueur ; puis il l'incline obliquement, de façon à ce qu'elle pénètre plus profondément à l'intérieur du sol, il lui donne dans cette nouvelle direction encore environ trois pouces. A l'extrémité de ce conduit, il dispose trois ou quatre chambres, le plus souvent trois : chacune d'elles est destinée à recevoir un œuf. L'Hyménoptère interrompt sa tâche de mineur, il ne fait pas les trois loges de suite ; lorsque la première est terminée, il l'approvisionne — nous verrons tout à l'heure de quelle manière — et il y pond ; puis il mure, supprimant toute communication entre cette cellule et la galerie : ceci fait, il passe au forage de la seconde, y entasse les mêmes réserves, y dépose un œuf, en bouche l'orifice et se met à préparer la troisième case du terrier. Ce travail poussé avec la plus grande activité étant terminé, le Sphex comble entièrement le conduit souterrain, et isole ainsi complètement l'espoir de sa race, à une profondeur suffisante pour qu'il soit bien abrité. Il prend encore une dernière précaution : avant de s'éloigner, il disperse et balaie les déblais qui restent devant l'orifice obstrué, et fait disparaître toute trace de son travail.

Puis il abandonne définitivement ce nid pour en aménager un autre.

Les chambres où sont enfermées les larves, hâtivement faites, peu soignées, et dont les parois non lissées restent rugueuses, ne sont pas très solides et ne sauraient rester longtemps sans éboulements ; mais, comme elles ne doivent servir qu'une seule année, elles ont encore une résistance suffisante pour l'usage que l'Insecte en attend. La larve, au reste, sait très bien se protéger contre les saillies des murs, et les capitonne, en les enduisant d'une sécrétion soyeuse, produite par ses glandes séricifères.

En quoi consistent les provisions que le Sphex a placées près de son œuf, pour le jeune qui doit en sortir, c'est ce qui nous reste à dire maintenant. Chaque cellule doit contenir quatre Grillons. C'est la somme d'aliments nécessaire et suffisante pour rassasier une larve pendant son évolution ; et de fait, ces Insectes sont assez gros pour fournir une appréciable quantité de nourriture. Donc, le Sphex arrête son travail de terrassier, et se met en chasse d'un vol rapide. On le voit bientôt revenir avec un Grillon qu'il a saisi ; il le tient par une antenne qu'il retourne entre ses mandibules. C'est une lourde charge et qui dépasse le poids du svelte Hyménoptère. Tantôt à pied, et tirant après lui son fardeau, tantôt au vol, et portant suspendu l'Orthoptère toujours immobile, il regagne peu à peu, et non sans peine, le terrier en cours d'approvisionnement. Malgré les apparences, le Grillon n'est point mort; il ne peut bouger, mais, si on le conserve plusieurs jours, on voit qu'il ne se putréfie point et que ses articulations restent souples. Il est simplement victime d'une paralysie générale.

A quoi est due la paralysie. — Évidemment, il était du plus haut intérêt de savoir comment le Sphex opérait cette capture, et à quel procédé il avait recours pour supprimer ainsi le mouvement de la proie réservée à sa progéniture. Pour obtenir la solution de ce problème, Fabre, pendant longtemps, accumula les expériences sur les observations, et finit par savoir de point en point, et dans les derniers détails, comment les choses se passaient.

Voici de quelle façon il s'y prit pour contraindre le Sphex à opérer devant lui. Suivons-le pas à pas dans sa recherche. Posté devant l'orifice d'une galerie à laquelle travaille un Hyménoptère, il ne tarde pas à le voir revenir de la chasse apportant un Grillon paralysé. Arrivé à son terrier, l'Insecte pose sa proie à terre, l'abandonne un instant et s'enfonce dans le couloir pour voir si tout est en ordre, et si rien n'est survenu, éboulement ou autre dégât, depuis son départ. Non, tout va bien, il revient au jour et reprend son fardeau, s'engage de nouveau dans le souterrain en traînant sa victime après lui. Il la conduit jusque dans la chambre à laquelle elle est destinée, et la place sur le dos, la tête au fond et les pieds vers la porte. Puis il part de nouveau en chasse, jusqu'à ce qu'il ait ainsi rangé côte à côte quatre Grillons. Avant de tenter l'expérience décisive qui doit complètement l'éclairer, notre observateur tâte le terrain. Au moment où le Sphex vient de s'enfoncer sous terre pour examiner son magasin, Fabre recule la proie d'une petite distance et attend les événements. Ayant fait sa visite domiciliaire, l'Hyménoptère va droit au lieu où il avait abandonné son Insecte, et ne le retrouve pas. Naturellement il est fort perplexe, il parcourt les environs avec une extrême agitation, ne comprenant rien à ce qui se passe, et estimant tout cela bien extraordinaire ; dans ses allées et venues, il finit par rencontrer ce qu'il cherche ; l'Orthoptère conserve toujours la même immobilité. Son bourreau le saisit par une antenne et le tire de nouveau jusqu'à l'orifice du trou. Dans l'intérieur de son domaine souterrain tout est en ordre, il vient de s'en assurer à l'instant, on s'attendrait à le voir entrer avec sa proie ; pas du tout, il pénètre seul, et ne se décide à l'introduire que lorsqu'il a de nouveau fait une in-

spection complète. Ce fait est de nature à surprendre ;
mais ce qui l'est bien davantage encore, c'est que,
si on répète la plaisanterie d'écarter le Grillon plusieurs fois de suite, à chaque nouvelle déconvenue,
le Sphex le traîne toujours jusqu'au bord du terrier,
et descend d'abord toujours seul ; à quarante reprises
l'expérience a réussi, sans que l'Insecte se décidât à
renoncer à une manœuvre qui lui était habituelle.
Fabre insiste sur ces faits, les met bien en lumière,
en quoi il a raison, car il ne faut rien négliger ; il en
prend texte pour montrer combien l'instinct est
chose automatique, combien les actes qui en procèdent sont invariablement réglés, et se succèdent les
uns aux autres toujours dans le même ordre. Par
leur nature, ces actions ne se distinguent point des
actions intelligentes ; seulement l'être n'est point capable de les modifier pour les accorder avec les circonstances imprévues. Tout cela est légitime ; mais où
l'on devient excessif, c'est en gratifiant les seuls
animaux de l'instinct, et en les séparant à ce point de
vue de l'Homme. Il est incontestable que l'habitude de
visiter son terrier avant d'y introduire une victime est
devenue chez le Sphex tellement impérieuse, qu'il ne
peut s'y soustraire, même quand elle ne sert à rien.
— C'est de l'instinct machinal. — Voulez-vous voir
une manifestation toute pareille de l'intelligence

humaine. En face d'un danger, un individu pousse des cris de détresse, ils sont entendus, on vient à son aide et on le tire de là. Ces appels ont-ils été un acte intelligent et approprié au but? Non, ils sont instinctifs. Placez le même individu dans un lieu où il sait fort bien, où il est sûr que sa voix ne peut être entendue, cela ne l'empêche pas de reproduire les mêmes actes, s'il se trouve de nouveau en présence du danger. Donc le Sphex procède, guidé par l'instinct; et ce n'est pas une raison pour l'humilier. Au reste, dans le cours de cette petite expérience, l'Insecte fait aussi montre de jugement. Quand il retrouve son Grillon, il reconnaît parfaitement que c'est celui qu'il a apporté, qu'il n'est point vivant et qu'il n'a pas à recommencer de lutte, et même, il voit que ce n'est pas un cadavre quelconque, susceptible de se putréfier, mais bien l'Orthoptère par lui immobilisé, et il n'hésite pas à l'utiliser immédiatement.

Ces mœurs étant connues, voici comment Fabre en a profité pour savoir de quelle manière se faisait la capture, et comment se produisait la paralysie. Il attend auprès d'un terrier qu'un Sphex arrive, traînant ou portant par l'antenne une victime, et pendant que l'Insecte est occupé à sa tournée souterraine, il substitue un Grillon vivant à celui que le Sphex vient d'abandonner, comptant bien, sans doute, le retrouver au lieu même où il l'a déposé. Point du tout, en revenant au jour, il aperçoit l'Orthoptère, qu'il croit être sa proie, et qui détale à toutes jambes; pas un instant à perdre; sans autre réflexion, il bondit sur le supplicié récalcitrant. Une lutte ardente suit, duel à mort au milieu des brins d'herbes; c'est un spectacle vraiment dramatique, l'agresseur agile tourbillonne autour de l'Orthoptère, qui décoche de violentes ruades avec ses jambes postérieures. Si l'une d'elles atteignait l'Hyménoptère, il serait éventré; mais il les évite fort adroitement, et ne cesse point ses violentes attaques. Enfin le combat va se terminer, le Grillon terrassé est retourné sur le dos, et maintenu dans cette position par le Sphex, toujours sur ses gardes, celui-ci saisit entre ses mandibules un des filaments qui terminent l'abdomen du vaincu, et lui pose ses pattes sur le ventre; avec les deux postérieures, il lui tient la tête renversée en arrière, de manière à bien tendre le dessous du cou. Le Grillon ne peut plus faire aucun mouvement, et, pendant ce temps, l'aiguillon du vainqueur rôde sur sa carapace cornée, cherchant un joint, tâtonnant pour reconnaître la place molle, où il pourra entrer pour porter le coup de grâce. Le dard est enfin parvenu entre la tête et le cou, à l'endroit où les pièces dures s'articulent, laissant entre elles un espace sans revêtement. Le défaut de la cuirasse est trouvé. L'abdomen du Sphex s'agite convulsivement, l'aiguillon a traversé la peau, perçant un ganglion, situé juste au-dessous de ce point; le venin se répand, et agit sur les cellules nerveuses, qui ne pourront plus envoyer aux muscles des ordres de contraction. Ce n'est pas tout; l'aiguillon rôde encore sur le ventre du Grillon, il cherche cette fois le joint entre le cou et le thorax; il le rencontre, s'enfonce de nouveau avec frénésie, un second ganglion de la chaîne nerveuse, qui se trouve à ce niveau, est aussi perforé et envenimé. A la suite de ces deux lésions, une paralysie complète envahit la victime.

Comme je l'ai déjà dit, plusieurs faits permettent de reconnaître que l'Orthoptère n'est point mort. Le mouvement lui est complètement interdit, comme cela arriverait avec une injection de curare. Ce poison tue un animal supérieur, car il empêche les actes musculaires de la poitrine et du diaphragme, nécessaires à la respiration; mais, si on le fait agir sur une Grenouille, qui peut respirer par la peau, elle revient à la vie au bout de vingt-quatre ou quarante-huit heures, quand la dose n'a pas été trop forte. Le Grillon est dans un état comparable à celui-là, il ne mange ni ne respire; d'ailleurs étant immobile, il ne dépense rien non plus, et reste dans une sorte de torpeur, de

vie latente, en attendant le sort tragique qui lui
est réservé. Le Sphex lui pond un œuf sur le thorax
après l'avoir déposé dans la petite chambre mor-
tuaire. La larve ne tarde point à éclore, et pénètre
dans le corps de sa proie, en élargissant le trou laissé
par l'aiguillon. Elle trouve ainsi, pour ses premiers
repas, un aliment qui unit la saveur de la chair vivante à l'immobilité de la mort. C'est on ne peut
plus confortable. La première étant mangée, elle passe
à la seconde, et dévore ainsi successivement les quatre
victimes que lui a laissées la prévoyance maternelle.

Pour ne pas entraver la marche de la description,
et pour ne pas arrêter la succession des actes qui
s'exécutent, nous avons laissé passer sans remarques
l'expérience de Fabre, où il substitue un animal vivant
à la capture déjà paralysée du Sphex. Il nous semble
pourtant, que, dans cette circonstance, l'Hyménoptère
a fait montre de jugement, et a su conformer sa manière de procéder à des exigences nouvelles. C'était
évidemment la première fois que, dans sa famille,
de mémoire d'Insecte, on voyait un phénomène
aussi surprenant : une victime qui, au dernier moment, prenait ainsi la clef des champs. On ne peut
donc ici faire intervenir l'instinct. Si les actes du
Sphex étaient aussi automatiques qu'on veut parfois
nous le donner à penser, en s'appuyant sur les faits

au reste parfaitement exacts, on devrait toujours observer leur succession dans l'ordre suivant : 1° creusement du terrier, 2° chasse, 3° coups d'aiguillon, 4° les
différentes manœuvres de la mise en sarcophage. Or,
dans le cas présent, l'Insecte a accompli les trois
premières séries d'actions, et a même commencé la
quatrième ; il devrait maintenant traîner le Grillon
dans le terrier sans écouter les récriminations que
celui-ci a tort de faire, puisqu'il est censé avoir reçu les
deux doses réglementaires de poison. Cependant, le
Sphex voit sa victime revenue à la vie, il comprend
cela, et, sans chercher à approfondir la cause, juge
qu'une nouvelle lutte et de nouveaux coups d'aiguillon sont nécessaires, il apprécie qu'il faut recommencer, puisque le résultat ordinaire dont il se rend
compte n'a pas été atteint. Il est donc, le cas échéant,
susceptible de réflexion, et la série des actes qu'il
accomplit n'est point réglée avec une telle inflexi-
bilité, qu'il ne lui soit possible de la modifier, pour
la rendre conforme aux circonstances, quand elles
ont varié.

Le *Sphex occitanica* se comporte tout à fait de la
même façon que son congénère dans cet art compliqué d'amasser des provisions pour sa famille. Les
différences ne portent que sur des détails. Celui-ci, au
lieu de creuser son terrier d'abord et de partir ensuite.

en chasse pour le remplir, ne se livre au travail de

FIG. 23. — Sphex et Ephippigère.

terrassier que si une expédition fructueuse lui a au préalable assuré une victime (fig. 23). Au lieu d'at-

taquer des Grillons, il s'adresse à un plus gros Orthoptère, l'*Ephippigère*. La lutte est plus difficile sans
doute ; mais aussi le résultat est en raison des efforts
produits, et la poursuite ne demande pas à être aussi
souvent renouvelée : une seule prise suffit pour assurer le sort de sa larve.

Instinct sûr. — Il n'est pas douteux qu'un sûr instinct hérité ne conduise le Sphex à piquer sa victime
aux places où se rencontrent des ganglions nerveux,
qu'il va léser par le fait même. On peut dire
que la lésion résulte de la position dans laquelle
l'Hyménoptère maintient sa victime ; car l'aiguillon
se trouve sur la ligne médiane, d'autre part, il ne
peut pénétrer que dans les jointures molles, les
deux points touchés sont donc rigoureusement déterminés par des circonstances physiques. Mais ces argu-
ments n'ont plus aucune portée lorsqu'on considère
la manière d'agir de l'*Ammophile*, encore un Hyménoptère voisin des précédents ; les proies qu'elle paralyse sont des Chenilles. Elle est libre cette fois de porter son coup d'aiguillon dans le premier endroit venu
du corps ; pourtant elle sait fort bien retourner et disposer sa capture, de façon que le dard pénètre les
deux fois en deux points où il peut envenimer des
ganglions et amener l'immobilité sans la mort. Donc,
il faut en convenir, il y a un instinct beaucoup trop

sûr pour ne pas être qualifié de machinal ; mais ces faits, qui, considérés seuls, semblent tout simplement merveilleux, le deviennent bien moins, et se prêtent à l'interprétation transformiste, lorsqu'on reconnaît qu'ils se relient, par des degrés insensibles, à d'autres du même ordre beaucoup plus intelligents, et en même temps moins sûrs.

Cas analogues où l'instinct spécifique est moins puissant et l'iniative individuelle plus considérable. — Voici déjà le cas du *Chlorion*, où est laissée à chaque animal une initiative plus considérable, pour les raisons suivantes. Il s'attaque aux Cafards ou Cancrelas (*Blattes*). Ces Insectes sont de taille extrêmement variée suivant l'âge, et, comme d'autre part, ils sont fort agiles, l'Hyménoptère n'est pas sûr de pouvoir capturer toujours des proies de la même dimension. L'orifice de son terrier, qu'il creuse dans les murs, entre les jointures des pierres, est calculé sur le volume moyen de ses victimes. Il a aussi l'habitude de paralyser les Cancrelas par des coups d'aiguillon portés sur la chaîne nerveuse. Ces opérations préliminaires ne l'arrêtent jamais ; il est surtout embarrassé lorsqu'il veut faire franchir l'entrée de la galerie à un Insecte trop gros. Il tire d'abord tant qu'il peut ; mais voyant l'insuccès de ses efforts, il ne persévère pas dans cette voie, et sort pour se rendre compte de ce qui accroche.—Décidément la victime est trop volumineuse et ne passera pas. — L'Hyménoptère commence par lui trancher les élytres qui la maintiennent raide et l'empêchent de se comprimer pour entrer. Cela fait, il s'attelle de nouveau et recommence ses tentatives. Parfois cela n'a point suffi et la proie résiste encore. L'Insecte revient examiner la situation. Maintenant c'est une patte qui s'est placée en travers et qui s'oppose à l'introduction du corps ; aux grands maux les grands remèdes, et notre Chlorion se met en devoir d'amputer cet appendice encombrant. Il triomphe enfin, la Blatte obéit à ses efforts et pénètre petit à petit dans le trou. On le voit, ce travail est laborieux et pénible, et se présente sous des aspects assez différents, qui nécessitent de la part de l'animal une certaine ingéniosité.

Jusqu'à ces dernières années, les *Cerceris* passaient pour agir avec autant de certitude que les *Sphex*. et pour obéir à un instinct infaillible, qui les guidait toujours au mieux des intérêts de leur progéniture. Les Insectes, sur lesquels ils dirigent leurs attaques, appartiennent tous au genre *Bupreste*. Ils en consomment des quantités considérables. Leur manière d'opérer, telle que la décrit Léon Dufour, ressemble beaucoup à celle précédemment indiquée pour les Sphex ; il serait superflu d'en parler à nouveau. Le

seul fait que je tienne à signaler, et qui a été complètement mis hors de doute par l'illustre naturaliste,
est le suivant; les Buprestes sont bien paralysés,
non morts; toutes les articulations des antennes et
des pattes demeurent souples et flexibles, et les intes-
tins restent en bon état. Il a pu en disséquer qui étaient
en léthargie depuis assurément huit ou quinze jours,
alors que, dans les conditions normales ces Insectes, en
été, se corrompent rapidement, et après quarante-huit
heures ne sauraient plus servir à des études anatomiques. En 1887, un jeune observateur, M. Marchall,
a repris la question, et les résultats qu'il a obtenus
semblent indiquer un instinct beaucoup moins ferme
que ne tendaient à le faire croire les premières études.
J'ai déjà indiqué les conclusions auxquelles il a été
conduit, et qui ont été publiées dans les *Archives de
zoologie expérimentale.*

*Genres moins habiles dans l'art de paralyser des vic-
times.* — Ces recherches nous montrent donc que,
chez le Cerceris, l'instinct est encore sujet à des fai-
blesses. Nous pouvons, en nous adressant à quelques
genres voisins, le saisir pour ainsi dire en voie de formation. La manière dont les *Bembex* approvisionnent
des terriers, par prévoyance maternelle, est beaucoup
moins machinale que celle des Sphégides. C'est
encore Fabre qui a décrit avec le plus de soin les

mœurs de cet Insecte *(Souvenirs entomologiques,* 1879).
C'est un Hyménoptère. Il creuse pour chaque œuf une
loge communiquant au dehors par une galerie, et fait
d'ailleurs ce travail sans aucun soin et d'une façon
fort grossière. Moins habile que les précédents,
il n'amasse pas du même coup tous les vivres dont sa
larve aura besoin pendant le temps de son évolution. Quand sa progéniture a fini d'absorber la dernière proie qu'il lui avait apportée, il est obligé de
revenir avec une nouvelle victime. Il n'est presque
pas plus avancé que les Oiseaux, qui nourrissent leurs
petits au jour le jour. Et c'est un gros travail de rou-
vrir à chaque fois la galerie qui conduit à la nourri-
cerie ; à toutes ces visites, en effet, le Bembex la
comble en partant, et fait disparaître les déblais révéla-
teurs. Il lui faut prendre une aussi grande peine, parce
qu'il n'a pas hérité de ses ancêtres la recette du coup
d'aiguillon qui paralyse ; il se précipite sans ména-
gement sur la victime, lui lance au hasard un ou
plusieurs coups et la tue. Nécessairement, il ne peut
dans ces conditions faire de provisions à l'avance,
elles se corrompraient, et la larve n'en pourrait tirer
aucun parti, de là l'obligation de fréquents retours à
son nid et d'une chasse perpétuelle pour alimenter ses
descendants, que la nature a doués d'un bel appétit,
Suivant l'âge de l'enfant, la mère choisit des proies de

tailles différentes, dans les premiers temps, elle lui apporte de petits Diptères, puis, quand il a grandi, elle capture à son intention de grosses Mouches à viande, enfin des Taons. On voit donc que, quand on suppose l'instinct des Sphex développé peu à peu, et dérivant d'un coup d'aiguillon donné au hasard, on fait une hypothèse fort admissible en somme, et qui repose sur des faits certains. Quoi qu'il en soit, le Bembex revenant à son terrier sait en retrouver l'emplacement avec une sûreté merveilleuse, malgré le soin qu'il a pris de le dissimuler et d'enlever toute trace qui pourrait le trahir. Il est guidé pour cela par un extraordinaire instinct topographique, que les Hommes non seulement ne possèdent point, mais même dont ils ne se figurent pas bien la nature.

Il paraîtrait de plus que certains Hyménoptères craignant de tuer leur victime à coups d'aiguillon et ignorant l'art des lésions savantes, essaient de les immobiliser par des blessures d'autre sorte. Le *Pompilius* serait dans ce cas, d'après Gourau qui l'a étudié. Cet Insecte vengeur nourrit ses larves avec des Araignées ; il semble certain que, dans la plupart des cas, l'Araignée n'est pas piquée. Les proies, que l'on ravit dans l'intérieur des terriers pourvus, peuvent vivre longtemps encore à la suite de leurs blessures ; elles n'auraient donc reçu aucun venin par inoculation. L'auteur précité pense plutôt que l'Hyménoptère saisit sa capture par le pédicule qui relie l'abdomen au céphalothorax, et qu'il triture ce point entre ses mandibules. De ce fait peut suivre la mort ou une immobilité temporaire. Le *Pompile* supplée d'ailleurs à son ignorance relative par une ingéniosité assez considérable. Ainsi parfois, lorsqu'il craint un retour à la vie de la victime qu'il destine à ses larves, il lui coupe les pattes dans le temps qu'elle est immobilisée. Gourau a trouvé dans les nids de cet Insecte des Araignées vivantes, avec les pattes coupées.

CHAPITRE V

HABITATIONS

Animaux naturellement pourvus d'une habitation. — Animaux qui augmentent leur protection naturelle par l'adjonction de corps étrangers. — Animaux qui établissent leurs demeures dans les habitations d'autrui naturelles ou fabriquées. — Classification des abris fabriqués. — *Habitations creusées.* — Terriers rudimentaires. — Terriers disposés avec soin. — Terriers avec greniers annexés. — Demeures creusées dans le bois. — *Habitation tissée.* — Rudiments de cette industrie. — Abris formés de matériaux grossièrement enchevêtrés. — Abris tissés avec des corps souples. — Habitations tissées avec le plus d'art. — L'art de la couture chez les Oiseaux. — Modifications des demeures suivant les saisons et les climats. — *Habitation bâtie.* — Nids en papier. — Nids en gélatine. — Constructions bâties en terre. — Maçons isolés. — Maçons travaillant en société. — Habileté et réflexion individuelle. — Habitations élevées avec des matériaux durs reliés par du mortier. — Digues des castors.

Les animaux sont amenés à se construire des habitations, soit pour se garantir du froid, de la chaleur, de la pluie ou de tout autre accident météorologique, soit encore pour se retirer dans les moments où le soin de rechercher des aliments ne les oblige point à être au dehors, et pour être ainsi le moins de temps possible exposés aux attaques de leurs ennemis. Les uns habitent ces refuges d'une façon permanente, les autres n'y restent que pendant l'hiver, d'autres, enfin, qui vivent le reste de l'année en plein air, établissent des demeures pour y mettre bas, ou couver leurs œufs et élever leurs petits. Quel que soit le but pour lequel sont édifiées ces retraites, elles constituent toutes ensemble les manifestations diverses d'une même industrie, et nous les classerons, non point par les usages auxquels elles doivent servir, mais en raison du plus ou moins d'art déployé par l'architecte.

Dans cette série, comme dans celles que nous avons parcourues jusqu'ici, nous trouverons tous les intermédiaires, depuis les êtres pourvus par la nature, et doués d'un organe spécial, qui leur sécrète un abri, jusqu'à ceux contraints par la nécessité à chercher dans leur propre intelligence un expédient pour réparer l'oubli fait à leur endroit. Bien entendu, ces productions, si différentes par leur origine, ne peuvent être comparées qu'au point de vue de leur rôle; il y a analogie entre elles, mais pas la moindre homologie, cela va de soi.

Animaux naturellement pourvus d'une habitation. — Presque tous les Mollusques sont enveloppés d'un étui calcaire, très dur, sécrété par leur manteau; c'est la coquille, qui est pour eux une maison ambulante, qu'ils emportent avec eux, et où ils peuvent se retirer à la moindre alerte.

Les Chenilles qui vont se transformer en chrysalides tissent un cocon, véritable demeure bien close, où s'opère leur métamorphose, loin des troubles extérieurs. C'est une nouvelle forme d'habitation — organe ou sortie d'un organe. Il n'est pas utile de multiplier à l'infini les exemples de ce genre ; ils sont extrêmement nombreux.

C'est dans cette catégorie, qu'il faudrait encore ranger les cellules, issues des glandes à cire, qui fournissent aux Abeilles les matériaux pour les régulières alvéoles, où elles enferment les œufs de la reine avec une provision de miel.

Nous ne voulons pas insister sur les créations de ce genre, qui échappent trop complètement à la volonté et à la réflexion de l'être. Près de ces faits, il faudrait placer ceux où les animaux, utilisant encore une sécrétion naturelle, tâchent cependant d'en tirer un parti ingénieux et ignoré des espèces voisines de la leur.

Voici, par exemple, le *Macropode* ou Poisson du Paradis, qui souffle des bulles d'air dans le mucus produit par sa bouche. Ce mucus devient assez résistant, et toutes les bulles, emprisonnées et collées côte à côte, finissent par constituer un plancher. C'est au-dessous de cet abri flottant que le Poisson suspend sa ponte, et que ses petits subissent leur développement jusqu'à l'éclosion.

Animaux qui augmentent leur protection naturelle par l'adjonction de corps étrangers. — Certaines Annélides tubicoles, dont la peau fournit un mucus abondant, mais qui ne peut devenir assez dur pour former une protection efficace, s'en servent pour agglomérer et réunir autour d'elles des corps voisins, grains de sable, débris de coquilles, etc. Elles se construisent ainsi un étui, qui participe à la fois de la formation par organe spécial, et de la fabrication à l'aide de matériaux étrangers. Les larves de *Phryganes*, qui ont une vie aquatique, usent de ce procédé pour se séparer du monde. Elles se préparent des tubes dans lesquels elles séjournent (fig. 24). Tous les débris que le ruisseau entraîne sont bons pour leurs travaux, à la condition, toutefois, d'être plus denses que l'eau. Elles s'emparent des morceaux de feuilles aquatiques, des petits bouts de bois, tombés dans l'eau depuis assez longtemps pour en être imbibés et devenus suffisamment lourds pour se tenir au fond ou, du moins, pour ne plus flotter à la surface. C'est la larve de *Phryganea striata*, dont on a le mieux suivi le travail; celles des espèces voisines agissent évidemment à peu près de même, les différences ne sauraient se présenter que dans le détail. Le petit charpentier arrête d'abord un fragment, dont la longueur dépasse un peu celle de son propre corps, se couche sur lui, et assujettit sur ses côtés d'autres pièces. Il arrive ainsi à obtenir la carcasse d'un cylindre. Les plus grosses fentes sont aveuglées avec tous les détritus possibles. Puis

FIG. 24. — Fourreau de larve de Phrygane.

ces matériaux étrangers sont agglutinés par la production d'un organe adapté à cela. La larve enduit l'intérieur de son tube d'une paroi de soie moelleuse, qui rend le cylindre imperméable au liquide ambiant, et consolide le premier travail. L'Insecte est ainsi en possession d'une retraite sûre. Ressemblant à un débris quelconque, il achève en paix sa métamorphose, sans être inquiété par les carnassiers du ruisseau.

Il y a là déjà une tendance vers les habitations dont

nous parlerons plus loin, et qui seront entièrement tirées du milieu extérieur.

Animaux qui établissent leur demeure dans les habitations d'autrui, naturelles ou fabriquées. — Entre les êtres que la nature a dotés d'un abri, et ceux qui s'en construisent un par leur propre industrie, nous pouvons intercaler ceux qui, dépourvus d'asile naturel, et n'ayant point la volonté ou le pouvoir de s'en fabriquer, utilisent les demeures des autres, soit lorsque ceux-ci les habitent encore, soit lorsqu'elles sont vides pour cause de décès ou de départ du propriétaire. Dans les sciences naturelles il n'est point de catégories de faits autour desquelles on puisse tracer une limite nette ; chacune d'elles se relie plus ou moins avec un groupe qui paraissait, de prime abord, d'une espèce tout autre. Ainsi, il n'entre point dans notre cadre de parler des Parasites. Pourtant, si parmi ceux-ci les uns s'adressent à un hôte pour exiger de lui à la fois le vivre et le couvert, si même ils peuvent arriver à être tellement modifiés et tellement marqués par le parasitisme qu'ils ne sauraient plus vivre autrement, il en est d'autres qui demandent le logement seul à un animal mieux garanti qu'ils ne le sont eux-mêmes. Ce sont précisément ceux-là, dont nous sommes amenés à décrire les coutumes. Bornons-nous à quelques-uns.

Dans l'intérieur de la chambre branchiale de beaucoup de Mollusques bivalves, et, en particulier, de la *Moule*, vit en commensal un petit Crustacé nommé le *Pinnotère*. Il va, vient, chasse, rentre à la moindre alerte dans la coquille de son hôte. L'Acéphale, pour prix de son hospitalité, doit sans doute profiter des bribes tombées des pinces du petit Crabe. On dit même que celui-ci, pour reconnaître les bienfaits de son indolent ami, le tient au courant de ce qui se passe autour d'eux, et, comme il est beaucoup plus agile et plus avisé que son compagnon, il voit de bien plus loin venir le danger, et le signale. Il demande qu'on ferme la porte pour s'y soustraire en pinçant légèrement la branchie de la Moule.

On aime à se représenter les services du Crustacé en reconnaissance de l'accueil que lui fait le sympathique Bivalve ; mais ce sont des hypothèses, parce que l'on ne sait pas au juste ce qui se passe dans l'intimité entre ces deux natures si différentes.

Voici des Oiseaux, le *Coucou* et le *Molothrus*, pour lesquels il n'est point possible de plaider les circonstances atténuantes. Ils viennent occuper une place dans une maison habitée, et ne paient au propriétaire aucune sorte de loyer. Tout le monde connaît les prouesses du *Coucou*. La femelle va pondre ses œufs dans différents nids, et ne se soucie plus du sort qui leur est réservé. Elle recherche donc pour sa progéniture un abri qu'elle ne veut pas prendre la peine de construire et, de plus, lui assure en même temps les soins d'une étrangère pour remplacer les siens.

Dans l'Amérique du Nord, le *Molothrus pecoris* agit avec le même sans façon. Au long de l'année, il vit au milieu des troupeaux, et c'est cette coutume qui lui a valu son nom spécifique; il se nourrit des parasites de la peau du bétail. Cet Oiseau ne fait pas de nid. Au moment de la ponte, la femelle se met en quête de demeures habitées, et, lorsque les propriétaires sont absents, elle y dépose furtivement un œuf. Le jeune intrus brise sa coquille après quatre jours d'incubation, c'est-à-dire, en général bien avant les enfants légitimes; et les parents, pour fermer le bec de l'étranger qui sans honte réclame à hauts cris sa pitance, négligent leur propre couvée, qui n'est pas conduite à terme et qu'ils abandonnent. D'ailleurs, leur nourrisson les paie de la plus noire ingratitude : tant de bonté n'appelle pas autre chose. Dès que le petit Molothrus sent son corps couvert de plumes et ses ailes fortes assez pour le soutenir, il quitte sans le moindre souci ses parents adoptifs et déguerpit sans façon. Ces Oiseaux ont un amour d'indépendance très rare parmi des animaux chez lesquels la fidélité conjugale est devenue proverbiale; ils ne se réunissent pas par couple, les unions sont libres, et livrées aux hasards des rencontres, et la mère se hâte de se libérer du souci d'élever ses petits de la manière que nous venons de voir.

Le *Rhodeus Anarus*, Poisson de nos rivières, assure aussi à ses descendants une douce retraite, par un procédé qui n'est pas moins indiscret. A l'époque du frai, un mâle choisit pour compagne une femelle, et écarte avec la plus grande vigilance tous ceux qui voudraient l'approcher. Lorsque la ponte est imminente le *Rhodeus*, allant et venant au fond de l'eau, finit par découvrir un *Unio*. Le Bivalve sommeille, la coquille entrebaillée, sans se douter du complot qui se trame contre lui. Il ne s'agit rien moins en effet que de le transformer en hôtel garni. La femelle de notre Poisson porte au-dessous de la queue un prolongement de l'oviducte, elle l'introduit délicatement entre les valves du Mollusque, et laisse tomber un œuf entre ses feuillets branchiaux. A son tour le mâle approche, s'agite au-dessus et le féconde. Puis le couple s'éloigne en quête d'un autre Unio aussi bénévole pour lui confier encore un représentant de sa lignée. L'œuf, bien abrité contre les dangers du dehors, subit son développement; et un beau jour le petit Poisson sort en frétillant de la paisible retraite où il a été recueilli.

D'autres animaux du moins, plus respectueux de
la propriété, attendent pour utiliser la demeure d'autrui qu'elle soit devenue hors d'usage pour celui qui
l'a construite, et l'on ne saurait adresser aucun repro-
che d'indélicatesse au *Gobius minutus*, ce Poisson qui
vit sur nos côtes à l'embouchure des fleuves. La
femelle pond sous des coquilles retournées; débris
d'huîtres, de coquilles Saint-Jacques ou de Cardium.
La valve est enfouie sous plusieurs centimètres de
sable, qu'elle soutient comme une voûte. Elle forme
un toit solide, au-dessous duquel les œufs subissent
leur évolution. Souvent le mâle veille sur leur sort
et se tient dans la petite chambre ainsi aménagée.
On peut distinguer les deux trous, d'entrée et de
sortie, qui marquent les passages habituels.

Le Bernard-l'Ermite est peut-être celui qui sait le
mieux tirer parti pour son logement d'une vieille
défroque. Il recueille les coquilles des Gastéropodes,
épaves abandonnées, dont le premier habitant est
mort. Ce Bernard ou *Pagurus* est un Crustacé déca-
pode, c'est-à-dire qu'il ressemble assez à un tout petit
Homard. Mais l'habitude invétérée, depuis tant de
générations, de s'abriter l'abdomen dans une coquille, empêche cette partie de s'incruster de calcaire et de devenir dure. Les pattes et la tête restent
à l'état ordinaire en dehors de la maison, et l'animal

circule en la portant partout avec lui; au moindre danger il s'y retire tout entier. Cependant le Crustacé grandit. Jeune, il a choisi une petite coquille; le Mollusque en s'accroissant faisait croître sa demeure avec lui. Le Bernard, hôte de passage, ne peut en faire autant; et quand son habitation est devenue trop étroite, il déménage, et l'abandonne pour une autre plus confortable. Enfermé d'abord dans la dépouille d'un Trochus, le voici maintenant dans celle d'une Pourpre, un peu plus tard il ira chercher asile dans un Buccin. Outre l'abri que ces coquilles assurent au Crustacé, elles servent à masquer sa férocité, et les proies, qui s'approchent confiantes de ce quelles prennent pour un inoffensif Mollusque, deviennent ainsi les victimes de ce bon apôtre.

Le Grand-Duc et, plus encore que lui, le Hibou ne se construisent point de nids; mais ces Oiseaux ne s'emparent que des demeures abandonnées par d'autres. Ils utilisent pour leur ponte, tantôt un nid de Corneille ou de Ramier, tantôt une bauge, qu'un Ecureil a trouvée trop délabrée. La femelle, sans se soucier du mauvais état de ces ruines, sans même les réparer, y dépose ses œufs et les couve.

Classification des abris fabriqués. — Il est temps d'arriver aux animaux qui ont le plus de souci du confortable, et qui disposent pour eux ou pour leurs petits des habitations. Suivant le procédé employé, on peut ranger ces demeures en trois catégories : 1° celles qui sont creusées en terre ou dans le bois ; 2° celles qui résultent, dans la forme la plus simple, de l'amoncellement de matériaux quelconques, puis, comme complication, de matériaux intriqués ; enfin, comme dernier raffinement, de matériaux fins, tels que brins d'herbes ou fils de laine tissés entre eux ; ainsi sont les nids de certains Oiseaux et les tentes des nomades ; 3° celles qui sont bâties, c'est-à-dire élevées avec de la terre humide qui devient dure en séchant ; les derniers perfectionnements de cette méthode consistent à entasser des pièces dures, morceaux de bois ou moellons, et la terre humide n'est plus qu'un mortier qui réunit entre elles ces parties résistantes.

Les animaux s'exercent avec des succès variables dans ces divers genres, que l'Homme pratique tous encore.

Habitations creusées, terriers rudimentaires. — Nous allons nous occuper d'abord des habitations creusées en terre. C'est la forme la moins compliquée. Le nombre d'êtres qui s'enfouissent purement et simplement, pour s'abriter par ce procédé, est incalculable ; nous relèverons seulement quelques cas, pour arriver peu à peu aux industries perfectionnées, en partant des combinaisons simples, qui en sont les premières ébauches.

On sait que, à une certaine époque de l'année, les Crabes abandonnent leur carapace dure. Ce phénomène est connu sous le nom de mue; ils restent mous quelque temps; c'est la période pendant laquelle ils grandissent; puis leurs téguments s'incrustent de nouveau de calcaire et redeviennent résistants. Tant qu'ils sont ainsi privés de leur protection ordinaire, ils sont exposés à une foule de dangers, et en ont si bien conscience qu'ils demeurent blottis sous les rochers ou les galets. Un Crabe de la Guadeloupe, appellé *Gecarcinus ruricola*, échappe aux périls nés de cette situation, grâce à son genre de vie, et à l'habitude de se creuser un terrier pour y demeurer tant qu'il est privé de ses défenses habituelles. Ce Crustacé vit à terre à une distance de 10 à 12 kilomètres du bord de la mer, et trouve à se nourrir au milieu des détritus animaux et végétaux. Il s'approche de l'eau seulement au moment de la ponte. Au mois de février, au mois de mars ils se dirigent tous vers le littoral. Cette migration ne se fait pas comme certaines autres en bande compacte; chacun suit sa route en toute indépendance et conserve sa liberté relativement à l'itinéraire et à l'époque du voyage. Ils mènent une vie aquatique jusqu'en mai ou juin ; à ce moment, la femelle abandonne ses petits, qui avaient commencé leur premier développement attachés à ses pattes ; puis ils regagnent la terre.

La mue se fait en août. A l'approche de cette crise redoutée, chacun se creuse un trou entre deux racines, le garnit de feuilles mortes et en bouche l'entrée avec soin. Tous ces travaux accomplis, le Crabe est entièrement à l'abri ; il subit le travail de la mue en sûreté, et ne sort de sa retraite que lorsqu'il est de nouveau capable d'affronter des ennemis, et de saisir des aliments avec ses pinces redevenues dures. Cette réclusion paraît durer un mois. Voilà donc un exemple d'une habitation temporaire, nécessitée par des conditions spéciales et défectueuses pour la vie au dehors. C'est encore tout à fait l'enfance de l'art.

D'une façon générale, les Oiseaux sont des architectes consommés. Certains d'entre eux pourtant se contentent d'une caverne rudimentaire. Il n'est pas question de ceux qui nichent dans des anfractuosités de rochers ou des troncs d'arbres, car, dans ce cas, la cavité est seulement le support de la vraie maison, et c'est dans la construction de celle-ci que l'artiste révèle ses talents. Je veux parler d'animaux qui demeurent dans un terrier, sans y faire de nid. Un Perroquet de la Nouvelle-Zélande, nommé le Kakapo *(Strigops babroptilus*) habite ainsi des excavations naturelles ou creusées. On ne le rencontre que dans une partie restreinte de l'île ; il y mène une vie misérable, et se tient habituellement à terre, en butte aux poursuites de nombreux ennemis, en particulier de Chiens demi-sauvages ; il tente bien de leur tenir tête ; mais ses coups d'ailes et de bec ne suffisent point pour le sauver, et la race aurait déjà complètement disparu, si ces Oiseaux ne résistaient un peu, grâce à la prudence qui les tient confinés dans leurs habitations. Ils profitent d'une retraite, naturelle ou s'en aménagent une dans les rochers, ou sous les racines des arbres, n'en sortent que poussés par la faim, et s'y réfugient le plus tôt qu'ils peuvent, en cas de danger.

Un grand nombre d'animaux creusent de même un abri pour leurs œufs, dans le double but de les maintenir à une température constante, et de les dissimuler. La plupart des Reptiles agissent de la sorte. On a vu de quelle façon une Tortue, *Cistudo lunaria*, s'y prend pour préparer son nid, et le procédé est véritablement assez curieux.

Lorsque le temps de faire ce travail est venu, la Tortue fait choix d'un emplacement. Elle commence par forer la terre, avec le bout de sa queue dont elle tient les muscles fortement contractés, elle la tourne comme une vrille, et réussit à pratiquer un trou conique. Peu à peu, sa profondeur devient égale à la longueur de la queue, et cet outil de la première heure est alors hors d'usage. La *Cistudo* agrandit la cavité à l'aide de ses pattes de derrière. Alternativement avec l'une et avec l'autre, elle retire des pelletées de terre et les rejette au dehors, puis entasse ces déblais sur le bord du creux et les dispose de façon à former un rempart circulaire. Bientôt les membres postérieurs ne prennent plus rien au fond trop éloigné. Le moment de pondre est venu. Dès qu'un œuf arrive au cloaque, une des pattes le saisit et le descend délicatement dans le nid; la deuxième patte saisit un autre œuf qui, pendant ce temps, apparaît à l'orifice. Ce manège dure jusqu'à la fin de l'opération. Lorsqu'elle est terminée, la Tortue enterre toute sa famille, et, pour aplatir la saillie qui résulte du comblement, elle la frappe à coups redoublés avec son plastron en se soulevant sur ses quatre jambes.

Ce ne sont pas seulement les animaux aériens qui ont cette coutume de demeurer en terre ou d'y abriter leur progéniture. Au sein des eaux, des Poissons pratiquent aussi des retraites, dans la rive ou sur le fond. Pour ne citer qu'un cas, le Chabot (*Cottus Gobio*), de nos rivières qui fraie dans la Seine en mai, juin et juillet, opère de cette façon.

Sous une roche, dans le sable, il ménage une cavité ; puis recherche des femelles et les amène pondre dans son petit pied à terre. Pendant quatre ou cinq semaines, jusqu'à l'éclosion, il surveille les œufs, écartant autant qu'il peut tout danger qui les menace. Il ne s'éloigne de son poste que pressé par la nécessité de rechercher sa nourriture, et, dès que sa chasse est terminée, revient prendre sa faction.

D'autres animaux, en fouissant, ont un double objectif : se mettre à l'abri dans une retraite profonde, et rencontrer en même temps l'eau dont ils ont besoin pour leur vie ou pour le développement de leurs jeunes.

On sait qu'en général les Grenouilles et les Crapauds vont au printemps pondre dans les ruisseaux et dans les mares. Un Batracien du Brésil et des régions chaudes de l'Amérique du Sud, le *Cystigna-thus ocellatus*, craignant sans doute de trop nombreux dangers pour son frai s'il le déposait en pleine eau, emploie l'artifice suivant. Il creuse, non loin de la berge, un trou dont le fond se remplit par infiltration. Il y dépose ses œufs et les petits peuvent, à leur naissance, mener une vie aquatique, tout en étant garantis contre ses risques.

Un Crabe terrestre, le *Cardisoma carnifex*, que l'on trouve au Bengale et aux Antilles, agit de la même manière ; mais, dans ce cas, il a en vue sa propre commodité et non le souci de sa progéniture. Son habitat est surtout dans les lieux bas, voisins de la côte, où l'eau existe à une faible profondeur au-dessous du sol. Pour établir sa demeure, le Crustacé s'enfonce d'abord jusqu'à ce qu'il ait atteint le niveau de la nappe liquide. Arrivé à ce point de son travail, il pratique dans la terre molle une large tannière, et la fait communiquer avec le dehors par plusieurs ouvertures. Il peut ainsi aller et venir aisément, circuler au dehors, et se retirer dans son antre où il trouve la sécurité et une humidité propice à sa respiration branchiale. De temps en temps, il nettoie son trou où des immondices et des débris finissent par s'accumuler. Il fait un petit tas de toutes les ordures qu'il rencontre, et, les saisissant entre ses pinces et son abdomen, les porte au dehors. Il exécute plusieurs voyages très rapidement et il a bientôt fait disparaître ce qui encombrait son logis.

Le *Protoptère*, Poisson dipnoïque qui habite les marais du Sénégal et de la Gambie, est curieux à plus d'un titre : d'abord, il peut respirer l'oxygène, soit dissous dans l'eau, comme font tous les Poissons, soit en nature dans l'air atmosphérique. Lorsque, pendant l'été, les marais où il vit se dessèchent, il se réfugie au fond de la vase qui durcit et l'emprisonne, et reste ainsi pelotonné jusqu'au moment où l'eau, revenue à la suite des pluies, a ramolli les parois de glaise qui l'entourent. Depuis assez longtemps on connaissait ce fait ; des voyageurs avaient rapporté des mottes de terre sèche, de taille variable ; les plus grosses atteignaient le volume des deux poings. En les ouvrant, on trouvait toujours au milieu le même Poisson : la loge où il était contenu était doublée d'une sorte de cocon ayant l'apparence de la gélatine sèche. Duméril a pu observer un de ces animaux en captivité. Au moment qui correspondait à la saison sèche de sa patrie, le Protoptère s'enfonçait dans la vase que l'on avait déposée au fond de l'aquarium. Pour réaliser les conditions où il se trouvait dans la nature, on enleva peu à peu toute l'eau qui le recouvrait. La terre durcit en se desséchant, et, quand on la brisa, on vit le reclus entouré de son mucus durci, exactement comme ceux qui venaient du Sénégal.

Terriers disposés avec soin. — Tous les cas que nous venons de signaler nous montrent à l'état primitif l'industrie de l'habitation creusée ; mais d'autres animaux savent s'installer avec plus de luxe que les précédents. Continuons à voir les faits dans l'ordre de complication croissante, de façon à passer du simple au composé.

Beaucoup d'êtres vivent dans un terrier d'une façon permanente, les Reptiles — Serpents ou Lézards — sont à placer parmi ceux-ci.

Entre autres, le Lézard des souches, *Lacerta stirpium*, dispose un trou étroit et profond, bien dissimulé sous les broussailles, et il s'y retire pendant tout l'hiver, quand le froid le rend incapable de mouvement et le met à la merci de ses ennemis. Avant de se livrer au sommeil hivernal, il a soin de clore très hermétiquement l'orifice de son logis avec un peu de terre et de feuilles sèches. Lorsque le printemps revient, et que la chaleur des premiers soleils réveille le Reptile, il sort pour se chauffer et chasser, mais n'abandonne point sa demeure, s'y retire toujours en cas d'alerte, et y passe les jours froids et les nuits.

Darwin a observé et décrit comment un petit Lacertilien, le *Conolophus subcristatus*, mène à bien son travail de mineur et de terrassier. Il établit son terrier dans du tuf tendre, et le dirige presque horizontalement, il creuse de façon à ce que l'axe de son trou fasse avec le sol un angle très petit. Ce Reptile ménage habilement ses forces et ne les dépense pas étourdiment dans cette besogne assez pénible. Il ne fait travailler à la fois qu'un seul côté de son corps et, pendant ce temps, l'autre se repose. Par exemple la patte antérieure droite creuse, et la patte postérieure du même côté rejette au dehors la terre arrachée. Lorsque la fatigue survient, ce sont les membres gauches qui entrent en jeu de la même façon, pour permettre aux autres de rester immobiles.

D'autres animaux, sans fabriquer leur caverne d'une manière particulièrement habile, marquent beaucoup de sagacité dans le choix de son emplacement, en vue d'en retirer certains avantages déterminés. En Égypte vivent des Chiens redevenus sauvages et qu'on appelle Chiens marrons. Ayant secoué le joug de l'Homme qui, en Orient, les nourrit mal ou pas du tout, ils mènent une vie indépendante. Le jour, ils restent blottis dans les lieux déserts, dans les ruines, et la nuit, ils rôdent comme les Chacals, chassent des proies vivantes ou se repaissent des bêtes abandonnées. Il y a des collines qui sont en quelque sorte devenues la propriété de ces animaux. Ils y ont fondé de véritables villages et ne laissent approcher qui que ce soit. Ces collines étant orientées du nord au sud, il en résulte qu'une de leurs pentes est exposée au soleil depuis le matin jusqu'à midi, et l'autre, depuis midi jusqu'au soir. Or les Chiens craignent horriblement la chaleur. Autant ils aiment à dormir chauffés par les légers rayons de nos climats, autant ils redoutent les midis torrides ; il n'y a point d'ombre assez épaisse pour leur sieste. Aussi, dans ces collines d'Égypte, chaque Chien se creuse-t-il une tannière sur les deux versants. L'une de ces demeures est ainsi tournée vers l'est, l'autre vers l'ouest. Le matin, lorsqu'il revient de ses expéditions nocturnes, l'animal va se réfugier dans la seconde, et il y reste jusqu'à midi, engourdi dans un frais sommeil. A cette heure, le soleil vient le chercher,

FIG. 25. — Cynomys.

pour le fuir il passe sur la pente opposée; c'est un curieux spectacle de les voir tous, la tête pendante et l'air endormi, s'avancer à pas traînants vers leur retraite de l'est, s'y blottir et continuer leur rêve et leur digestion jusqu'au soir, qui les verra de nouveau se mettre en quête. On ne se lasse point d'admirer les traits d'intelligence de leurs congénères

J.-B. Baillière et Fils.	Lyon. Imp. Pitrat aîné.

Fig. 26. — La Marmotte vulgaire

domestiques ; mais celui-ci me semble, de tous points, digne d'être remarqué : il prouve une faculté d'observation et une réflexion très développées.

Les habiles fouisseurs aménagent des terriers avec plusieurs entrées, il y en a même qui disposent plusieurs chambres, affectées chacune à une destination particulière. La Loutre recherche sa nourriture dans l'eau, et fait aux Poissons une chasse assez active pour dépeupler des étangs et des rivières. Mais, sa pêche faite, elle aime à se tenir au sec et, cependant, à l'abri des ennemis terrestres. Sa demeure doit présenter, en outre, une sortie facile sur l'eau. Toutes ces conditions sont remplies de la manière suivante. L'habitation consiste d'abord en une large chambre creusée dans la berge, en pleine terre, à un niveau suffisamment élevé pour n'être point atteint à l'époque des crues. Du fond de ce donjon, se détache un couloir, qui s'enfonce et vient déboucher à environ 50 centimètres au-dessous de la surface de la rivière. C'est par là que le Carnassier se laissera glisser sans bruit et se trouvera au sein même de son milieu de chasse, sans avoir été vu ou sans faire un plongeon dont le fracas mettrait le gibier en fuite. S'il n'y avait rien de plus, le logis hermétiquement clos deviendrait vite inhabitable, parce qu'aucune disposition ne permet à l'air de s'y renouveler ; aussi la

Loutre n'en reste pas là : elle pratique un second conduit, qui part du plafond de la chambre et vient s'ouvrir au dehors, pour former un tuyau d'aération. Pour qu'il ne soit pas une cause de danger, il débouche toujours au milieu des broussailles ou dans une touffe de joncs et de roseaux.

Dans l'Amérique du Nord, les Chiens des prairies (*Cynomys*) (fig. 25) se creusent des demeures où ils résident toute l'année. Ils travaillent en commun et habitent trois ou quatre ensemble le même terrier. Chaque retraite possède deux issues : l'une pour l'entrée, l'autre pour la sortie, et elle est décelée au loin par la présence, au-dessus d'elle, d'un petit tas de terre provenant des déblais amoncelés pendant le travail. Dans la plaine, on voit des milliers de pareils monticules indiquant une ville populeuse de petites bêtes fort sociables, qui vont se faire de fréquentes visites d'une cabane à l'autre, ainsi qu'en témoignent les sentiers battus qui réunissent toutes les habitations. D'ailleurs, on a souvent observé les allées et venues de ces singuliers animaux, remplissant leurs devoirs de société, se promenant gravement de compagnie, ou jouant ensemble. De distance en distance, des sentinelles sont juchées sur les tumulus dont nous avons parlé : dès que, du haut de leur observatoire, elles aperçoivent quelque chose de suspect, elles poussent une sorte d'aboiement et toute la colonie se précipite au-dessous du niveau de la prairie.

Les Marmottes aussi ne craignent pas le travail qui doit leur assurer un asile sûr et chaud dans les régions qu'elles habitent et où le climat est rude (fig. 26). En été, elles montent dans les Alpes jusqu'à 2.500 ou 3.000 mètres, et se creusent rapidement un terrier semblable à celui d'hiver, que nous allons décrire, mais moins grand et moins confortable. Elles s'y retirent en cas de mauvais temps ou pour y passer la nuit. Lorsque la neige les chasse et les fait redescendre dans une zone inférieure, elles songent à se construire une véritable demeure pour s'y enfermer tout l'hiver, endormies — comme des Marmottes. Douze ou quinze de ces petites bêtes réunissent leurs efforts et pratiquent d'abord un couloir horizontal, dont la longueur peut atteindre trois ou quatre mètres. A son extrémité elles l'élargissent en une chambre, voûtée et circulaire, de plus de deux mètres de diamètre. Elles y font un bon tas de foin bien sec, sur lequel elles s'installent toutes, après avoir eu soin de se garantir du froid extérieur en bouchant le corridor d'accès avec des pierres et en calfeutrant les interstices avec de l'herbe et de la mousse.

Dans les chemins creux, dans les bois solitaires, le Blaireau *(Meles vulgaris)*, qui n'aime point le bruit,

13.

se prépare une retraite paisible, propre et bien aérée, composée d'une vaste chambre, située à environ un mètre et demi au-dessous du sol. Il n'épargne point sa peine et la fait communiquer avec le dehors par sept ou huit couloirs fort longs : les points où ils débouchent sont distants les uns des autres. d'environ trente pas. De sorte que, si un ennemi a découvert l'un d'eux et s'est introduit dans le domicile du Blaireau, celui-ci peut encore prendre la fuite par une des issues restées libres. En temps ordinaire, elles servent à l'aération de la pièce centrale. L'animal tient beaucoup à cela. Il est, d'ailleurs, fort propre, et tous les jours on peut le voir sortir pour de petites promenades, dont le but n'est pas la recherche des aliments, au contraire. C'est cette louable habitude que le Renard exploite, d'une façon indigne, ainsi que nous le verrons un peu plus loin.

Ce compère a déjà bien des méfaits sur la conscience ; mais la conduite qu'il tient à l'égard du Blaireau est particulièrement indélicate. Le Renard est assez habile fouisseur et peut, lorsqu'il n'est pas possible de faire autrement, se creuser une demeure de toutes pièces. L'habitation a plusieurs issues, ce qui est une mesure de prudence en même temps que d'hygiène, car cette disposition permet le renouvellement de l'air. Il prépare côte à côte plusieurs chambres. L'une, où il se tient en observation et où il fait sa sieste; une seconde est une sorte de garde-manger où il entasse ce qu'il ne peut dévorer sur l'heure. La troisième, enfin, est la pièce des enfants, c'est là que la femelle met bas et élève ses petits. Mais, quand ce pénible travail peut être évité, il n'hésite pas; s'il rencontre un terrier de lapin, il essaie, au préalable, de manger les habitants, puis, l'esprit débarrassé de ce souci, aménage leur domicile à son gré et s'y installe confortablement.

Le repaire du Blaireau lui paraît enviable entre tous. Afin de déloger le propriétaire, il use du procédé suivant : sachant que celui-ci ne peut tolérer aucune ordure dans son domicile, il imagine de choisir comme *buen retiro* un des couloirs qui mènent à la chambre du paisible solitaire. Il insiste, recommence plusieurs fois jusqu'à ce qu'enfin le Blaireau, blessé par ce laisser-aller, et suffoqué par l'odeur fétide, se décide à déménager et à se creuser un autre palais. Le Renard n'attend que cela et s'installe sans façon à la place du dépossédé.

Terriers avec greniers annexés. — Certains Rongeurs ont beaucoup perfectionné ces habitations creusées. Parmi eux, le Hamster d'Allemagne (*Cricetus frumentarius*) ne se montre pas des moins ingénieux. A sa chambre personnelle il adjoint trois ou quatre magasins pour enfermer les provisions qu'il amasse, et dont nous avons eu déjà occasion de parler. Le terrier possède deux issues : une, par laquelle l'animal entre le plus volontiers ; elle s'enfonce verticalement dans le sol ; l'autre, le couloir de sortie, est en pente douce et très sinueuse. Le fond de la pièce centrale est tapissé de mousse et de paille, ce qui en fait une demeure chaude et douce. Un troisième tunnel se détache de cette chambre à coucher, il se bifurque bientôt et conduit dans les greniers à blé.

Aussi, pendant l'hiver, le Hamster n'a-t-il aucun besoin pressant de sortir, si ce n'est dans les beaux jours pour prendre un peu l'air. Il a tout à sa portée et peut rester clos, sans rien craindre du mauvais temps, ni de la saison rigoureuse.

Demeures creusées dans le bois. — Ce n'est pas uniquement le sol qui peut abriter des retraites, le bois sert d'asile à de nombreux animaux qui le forent, et y trouvent à la fois leur subsistance et leur abri. Dans cette catégorie d'êtres se placent les Tarets, un grand nombre de Vers, d'Insectes et de Crustacés. L'un de ces derniers, le *Chelura terebrans*, un petit Amphipode, est des plus redoutables pour les travaux des Hommes. Il s'attaque aux pilotis, enfoncés pour soutenir des appontements, et les mine au point qu'un beau jour tout s'écroule. Le bois est formé de couches concentriques, alternativement composées de gros vaisseaux, nés pendant l'été, et de vaisseaux plus étroits, qui représentent l'accroissement d'hiver. Ces dernières zones sont plus résistantes, les autres plus molles. Lorsqu'un de ces Crustacés attaque un pilotis, il fore d'abord un petit conduit horizontal et l'arrête à une couche d'accroissement d'été. Il y creuse une vaste grotte, laissant de place en place des piliers de soutien.

Il pond dans cet espace. La génération qui éclôt, travaillant autour des parents, agrandit la loge et se nourrit du bois enlevé. Une seconde ponte se produit, et les hôtes sont décidément trop à l'étroit. Les nouveau-nés percent de nombreux couloirs et s'enfoncent vers l'intérieur du pilotis, jusqu'à la prochaine couche d'été. Là ils se répandent, forent sans relâche, construisent des loges, pareilles à la première, et y ménagent des piliers çà et là. Leurs descendants vont gagner la zone sous-jacente et ainsi de suite. Pendant ce temps, les ancêtres, ceux qui ont creusé les demeures périphériques, sont morts, les trous qu'ils ont pratiqués ne sont plus habités ; mais ils n'en ont pas moins porté à la résistance du bois une atteinte, qui va en s'aggravant à mesure que la race sortie d'eux mine de plus en plus vers le centre du pieu.

Un insecte, le *Xylocopa violacea* (fig. 27), voisin de nos Bourdons, dont il diffère par plusieurs caractères anatomiques et par la teinte foncée et violacée de ses ailes, apporte un perfectionnement dans la confection de l'abri qu'il pratique dans le bois pour ses larves. Au lieu de creuser purement et simplement une retraite, pour y déposer pêle-mêle toute sa ponte, il la divise en compartiments superposés par des diaphragmes horizontaux.

C'est la femelle seule qui accomplit cette tâche, liée à sa fonction de perpétuer l'espèce. Elle fait choix d'un vieux tronc d'arbre, d'une perche ou d'un poteau de palissade, bien exposé au soleil et déjà vermoulu pour que son travail en soit facilité.

Elle commence par attaquer le bois perpendiculairement à sa surface, puis tourne brusquement, et dirige vers le bas le conduit ainsi pratiqué, et dont le diamètre est à peu près égal à la grosseur du corps de l'ouvrière. La *Xylocope* arrive ainsi à forer un tube d'une trentaine de centimètres de longueur. Tout au fond, elle dépose un premier œuf, place à côté de lui la provision de miel qui doit être nécessaire pour nourrir la larve pendant son évolution, puis enferme le tout par une cloison.

Cette cloison est faite avec des fragments de poudre de bois, agglomérés avec de la salive. Un premier anneau horizontal est appliqué contre le pourtour du tube ; puis dans l'intérieur de ce premier anneau un second prend place, faisant corps avec lui et ainsi de suite, jusqu'à ce que l'ouverture centrale, de plus en plus réduite, se trouve enfin tout à fait obstruée.

FIG. 27. — La Xylocope violacée et son nid.

Ce plafond va former un plancher pour la chambre suivante, où la femelle enfermera un nouveau reclus, frère du précédent et pourvu comme lui d'abondantes provisions. Les mêmes actes se répétant, il arrive que la retraite première indivise se trouve transformée en

une série de cellules isolées, où les larves vont effectuer tout leur développement, et dont elles sortiront,
soit en perforant elles-mêmes la mince paroi qui
les sépare du grand jour, soit par une ouverture que
leur mère prévoyante a laissée, pour leur permettre
d'arriver sans fatigue à la libre vie.

Habitation tissée. — La seconde catégorie de demeures, que nous avons appelée l'*habitation tissée*,
procède d'abord de l'amoncellement d'objets quelconques, puis d'objets susceptibles de s'intriquer, comme
des brindilles de bois ou de paille, enfin de matériaux
fins et souples, que l'artisan peut mêler entre eux
d'une façon régulière, c'est-à-dire feutrer ou tisser.

Les faits vont nous montrer les perfectionnements
successifs qui s'introduisent dans cette industrie.
Nous commencerons par les plus rudimentaires.

Rudiments de cette industrie. — Il est d'abord des
cas où la volonté de l'animal n'intervient point, ou
du moins se manifeste très peu. Il se trouve recou-
vert et protégé par des corps étrangers, qui sont parfois des êtres vivants. Par exemple, les Crabes, que
l'on nomme Araignées de mer ou *Maïa*, ont la carapace recouverte d'algues et d'hydroïdes de toutes
sortes. Ainsi garnis, les Crustacés ont l'avantage de
n'être pas reconnus de trop loin, quand ils vont en
chasse, et de pouvoir ressembler, sous cette toison, à

un rocher quelconque. H. Fol a observé, à Villefranche-sur-Mer, une Maïa tellement enfouie sous cette végétation, qu'il était impossible à première vue de la distinguer des cailloux qui l'entouraient. Dans ces conditions, l'animal subit un abri plutôt qu'il ne se le crée. Pourtant il n'est pas tout à fait aussi passif qu'on pourrait le supposer d'abord, et il intervient dans les circonstances suivantes. Quand les algues, qui prospèrent sur son dos, sont devenues trop longues et qu'elles risquent de l'encombrer ou de ralentir sa marche, il les met en coupe réglée; avec ses pattes il les arrache brin à brin et se nettoie à fond. Sa carapace étant bien propre, l'animal se trouve trop lisse et trop facile à distinguer des objets environnants ; il reprend alors de petits bouts d'algues et les recolle sur lui, où elles ne tardent pas à prendre comme des boutures et à prospérer de nouveau. Cette culture est donc voulue, il la dirige et arrête à temps son exubérance; il n'en est pas plus la victime que le jardinier n'est l'esclave des légumes auxquels il va porter tous les jours une eau bienfaisante. De génération en génération, ce Crabe a acquis l'habitude, l'instinct si l'on veut, de se couvrir ainsi pour se confondre avec les êtres voisins. Naturellement il est profondément ignorant de la botanique, et n'a pas la moindre notion de ce que peut être une bouture. Si on le place dans un aquarium avec de petits morceaux de papier, écoutant sa prudence, qui l'engage à ne pas se distinguer du milieu, il s'en empare et se les colle sur le dos, comme il aurait fait avec des végétaux, sans se soucier s'ils tiendront fixés ou non. En dépit de ce manque de jugement, nous ne pouvons nous empêcher de reconnaître à cette Maïa une certaine ingéniosité dans la façon qu'elle emploie pour se dissimuler.

Un autre Crabe des côtes de France, la *Dromia vulgaris*, pratique aussi cette méthode d'abri. Elle s'empare d'une grosse Éponge, la maintient solidement fixée sur sa carapace, à l'aide de ses deux paires de pattes postérieures. L'Éponge continue à vivre, à prospérer et à s'étaler sur le Crustacé qui l'adopte ainsi (fig. 28). Les deux êtres ne semblent pas fixés définitivement l'un à l'autre; un coup de lame peut les séparer brusquement. Si on effectue de force ce divorce, immédiatement la Dromie se précipite sur la chère couverture et la remet en place.

M. Künckel d'Herculais raconte l'histoire d'un de ces curieux Crustacés, qui faisait la joie des travailleurs au laboratoire de Concarneau.

Le besoin qu'éprouvent ces Crabes de se couvrir est tellement vif que, dans les aquariums, lorsqu'on leur enlève leur Éponge, ils s'appliquent sur le dos un lambeau de varech ou de n'importe quoi... [On avait

Fig. 28. — Dromie et son Eponge.

fabriqué à un de ces captifs un petit manteau blanc aux armes de Bretagne, et rien n'était plus amusant que de le voir endosser son paletot « quand il n'avait rien à se mettre sur le dos ».

Dans les deux cas, que j'indique au reste comme les premiers rudiments de l'industrie étudiée, la réflexion et la volonté de l'animal n'ont qu'un faible rôle à jouer ; même, pour la Dromie, l'habitude est si invétérée dans la race qu'elle a eu un contre-coup sur l'organisation de l'animal, et que ses quatre pattes postérieures sont profondément modifiées, à l'effet de tenir solidement l'Éponge abri ; elles ne servent plus pour la natation ou la marche. Les animaux dont il nous reste à parler ont plus d'initiative ; d'ailleurs tous n'agissent pas avec le même succès et ne se montrent pas également habiles. Voyons d'abord les plus inexpérimentés.

Un Oiseau d'Australie, le *Catheturus Lathami*, en est encore tout à fait aux premiers principes, et se borne à dresser d'énormes tas de feuilles. Il commence son travail quelques semaines avant la ponte ; avec ses pattes il pousse derrière lui toutes les feuilles mortes tombées sur le sol, et les réunit en un monceau. L'Oiseau jette de nouveaux matériaux sur le sommet, jusqu'à ce qu'il juge le tout de hauteur convenable. Abandonnés à eux-mêmes ces détritus fermentent, et une douce chaleur se développe au centre de l'édifice. Le *Catheturus* revient pour pondre auprès du grossier abri qu'il a construit ; puis il prend chaque œuf et l'enfonce dans le tas, le gros bout en haut. Il dépose au-dessus du tout une nouvelle couche et quitte définitivement son travail. L'incubation a lieu, très favorisée par la chaleur uniforme, qui se dégage de cet amas en décomposition, l'éclosion se produit et les jeunes sortent de ce nid primitif.

Les Oiseaux ne sont pas seuls à construire des demeures temporaires pour y venir pondre, plusieurs Poissons sont aussi artistes qu'eux dans ce genre d'industrie, et même certains Reptiles. L'*Alligator du Mississipi* ne serait peut-être pas de ceux auxquels on penserait tout d'abord comme modèle de prévoyance maternelle. La femelle, cependant, construit un véritable nid. Elle cherche un endroit bien inaccessible au milieu des broussailles et des fourrés de roseaux. Avec sa gueule, elle y apporte des branchages qu'elle dispose sur le sol et qu'elle recouvre de feuilles. Elle pond et dissimule ses œufs avec soin sous des débris végétaux. La mère ne considère point son rôle fini par sa délivrance, reste dans les environs, surveillant d'un œil jaloux la touffe qui abrite son cher dépôt, et ne cesse de monter la garde, menaçante, jusqu'au jour où ses petits éclos peuvent la suivre dans le fleuve.

Un Hyménoptère voisin des Abeilles, la *Megachilla*, découpe dans les feuilles du rosier des morceaux de forme appropriée, elle les emporte dans un petit creux d'arbre, dans un trou de souris abandonné, en un mot dans une cavité quelconque. Là, elle les enroule, les agence, les dispose avec beaucoup d'art, de façon à fabriquer des sortes de dés à coudre (fig. 29), qu'elle remplit de miel et dans lesquels elle pond.

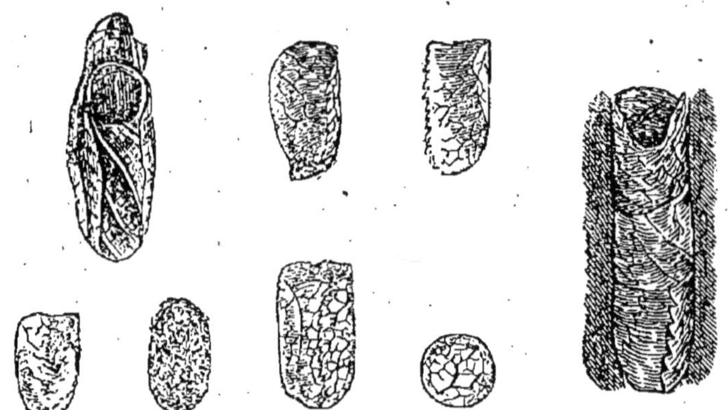

FIG. 29. — Travaux des Megachilla.

L'*Anthocope du pavot* agit d'une façon analogue, si ce n'est qu'elle tapisse les creux dont elle prend possession, avec les délicats pétales des fleurs de coquelicot.

La retraite des Oiseaux de proie nocturnes ne diffère point, pour le mode de construction, de ces deux sortes de nids. Ce sont en effet des trous, dans les arbres, dans les ruines, dans les vieux murs, et qui sont doublés de matières douces et chaudes. Ces demeures ne se rapportent pas au type de la caverne creusée, mais bien à celui de l'habitation fabriquée avec des matériaux mêlés entre eux. C'est une forme inférieure, où les pièces ne sont point assez solidement liées pour se tenir les unes les autres, et où l'ensemble a besoin d'être appuyé de toutes parts. La cavité est le support qui soutient la véritable maison.

Habitation formée de matériaux grossièrement enchevêtrés. — Les animaux qui commencent véritablement à pratiquer d'une manière habile l'enlacement des matériaux sont les Oiseaux de proie diurnes. Leurs nids, qui ont reçu le nom d'aires, ne sont pas encore des chefs-d'œuvre d'architecture, et nous révèlent le début de cette industrie, poussée si loin par d'autres Oiseaux. Généralement placés dans des endroits sauvages et peu accessibles, les jeunes y sont en sûreté, quand les parents sont partis pour leurs chasses lointaines. Les sommets abrupts des rochers, les cimes des arbres les plus élevés des forêts sont les emplacements de choix des grands Rapaces. L'aire consiste généralement en un amas de branches sèches qui s'entrecroisent, s'appuient mutuellement les unes sur les autres et constituent un ensemble assez résistant.

Les châteaux d'Écureuils, quoique trahissant plus d'art, sont des constructions de même nature ; c'est-à-dire qu'elles sont formées de bûchettes enlacées. Ce Rongeur édifie sa demeure pour s'y abriter dans la mauvaise saison, pour y passer la nuit, et pour élever ses petits. Fort agile et ne redoutant pas les ascensions, il place son domicile dans la partie la plus élevée des plus hauts arbres de nos forêts. Assez fantaisiste, d'ailleurs, et voulant de temps en temps changer de résidence, il en bâtit plusieurs : au moins trois ou quatre, peut-être plus. Les matériaux dont il a besoin sont recueillis à terre parmi les branches mortes tombées, ou encore arrachées à un vieux nid abandonné de Corbeau ou d'un autre Oiseau. Voici de quelle manière opère l'Écureuil. Il fabrique d'abord un plancher un peu creux en emmêlant les fragments de bois qu'il a rapportés. En cet état, sa demeure ébauchée ressemble à un nid de Pie. Mais le frileux petit animal désire être mieux protégé et ne pas ainsi dormir en plein air. Il surmonte cette base d'un toit conique, les bûchettes qui le forment sont fort habilement disposées et si bien enlacées que l'ensemble est impénétrable à la pluie. Reste à meubler la maison, ce qui est fait avec un luxe oriental, autrement dit, tout l'ameublement consiste en un tapis, un tapis de mousse bien sèche, que l'Écureuil arrache aux troncs des arbres, et qu'il amoncelle de façon à avoir une couchette chaude et moelleuse. Une entrée située à la partie inférieure, donne accès dans le château aérien; elle est en général dirigée vers l'est. Au point diamétralement opposé, se trouve un autre orifice par lequel l'animal peut fuir, si quelque ennemi faisait irruption par la porte principale. D'ailleurs, en temps ordinaire, elle sert à l'aération de la chambre en établissant un léger courant d'air. L'Écureuil craint beaucoup les orages et la pluie et, lorsque le temps devient mauvais, il se hâte de se réfugier en son logis. Si le vent souffle dans la direction où sont orientées les ouvertures, la petite bête les ferme aussitôt avec deux tampons de mousse et se tient bien claquemurée, tant que dure la bourrasque.

Les grands Singes anthropomorphes n'ont pas trouvé mieux que l'Écureuil pour se construire un abri. Il faut cependant leur tenir compte de la difficulté plus grande qu'ils ont à vaincre pour ajuster et maintenir ensemble des pièces beaucoup plus pesantes, et pour édifier un abri de plus large surface.

L'Orang-Outang, qui vit dans les forêts vierges des

îles de la Sonde, n'éprouve pas le besoin de se construire un toit contre la pluie. Il se contente d'un plancher, établi au milieu d'un arbre, et fait de branches cassées et entrelacées. Il entasse sur ce support un amas considérable de feuilles et de mousse ; car l'Orang ne dort pas assis comme les autres grands Singes, mais se couche comme l'Homme, ainsi qu'on l'a observé à maintes reprises, sur ceux que l'on tenait en captivité. Même, lorsqu'il sent le froid, il est assez ingénieux pour ramener sur lui les feuilles de sa couche, en guise de couverture, et pour se protéger par ce moyen.

Dans la haute et la basse Guinée, le Chimpanzé (*Troglodytes niger*) établit aussi sa demeure sur les arbres. Il fait d'abord choix d'une grosse branche horizontale sur laquelle il doit se tenir. Elle constitue un plancher suffisant pour l'agile animal. Au-dessus de cette branche, il fléchit les rameaux voisins, les croise, les entrelace de manière à obtenir une sorte de charpente. Cet ouvrage préliminaire accompli, il recueille du bois mort ou brise des branchages, et les ajoute sur les premiers. Avant de rien commencer, il a pris soin, en choisissant son emplacement, que tout fût disposé de façon qu'une fourche fût à portée pour soutenir son toit. Il arrive ainsi à se faire un abri très suffisant. Ces grands Singes sont sociables et vivent volontiers dans le voisinage les uns des autres. Ils vont même en excursions par bandes assez nombreuses. Malgré cela, on ne voit jamais plus d'une ou deux de ces cabanes sur le même arbre ; peut-être est-ce à cause des conditions compliquées requises pour la construction, et qui ne peuvent, d'après les probabilités, être réalisées plusieurs fois sur un seul arbre, peut-être est-ce aussi un certain désir d'indépendance, qui pousse les Chimpanzés à ne pas vivre trop côte à côte.

Le *Troglodytes calvus,* un parent du précédent et qui habite les mêmes régions, montre plus d'habileté encore en édifiant son toit. C'est toujours un arbre qui est choisi pour support. Il brise des rameaux et les attache par une extrémité au tronc, par l'autre à une grosse branche. Il emploie pour fixer toutes ces pièces des lianes très résistantes, et qui croissent en abondance dans les forêts où il vit. Au dessus de cette charpente, dont la construction indique une remarquable ingéniosité, l'animal entasse de larges feuilles, en couches bien pressées et tout à fait impénétrables à la pluie. L'ensemble a l'apparence d'un parasol ouvert. Le Singe s'assied sur une maîtresse branche, située au-dessous de son ouvrage, et il se tient au tronc avec un bras. Il a ainsi un excellent abri contre le soleil de midi, et contre les

diluviennes averses des tropiques. Le mâle et la femelle possèdent chacun leur demeure sur deux arbres
voisins, le principe de la cohabitation des époux
n'étant point admis chez ces espèces. Quant au petit,
il est vraisemblable qu'il couche près de sa mère,
tant qu'il n'est point encore d'âge à mener une vie
indépendante.

Il existe en Australie, le pays de toutes les singula-
rités zoologiques, un Oiseau de mœurs curieuses. Les
colons anglais lui donnent le nom de *Bower-Bird*,
c'est-à-dire constructeur de berceaux; il est connu des
ornithologues sous la désignation de *Ptilonorhynchus
holosericeus*. L'art déployé dans les constructions de
cet animal n'est pas moins intéressant que la sociabilité dont il fait preuve, et le désir qu'il témoigne
d'avoir, pour ses heures de loisir, un abri orné suivant
son goût. Les berceaux qu'il construit, et qui ont en
petit l'apparence des charmilles de nos vieux jardins,
sont des lieux de réunion, de gazouillement, où les
Oiseaux se tiennent dans le jour, quand aucun souci
ne les disperse au dehors. Ce ne sont point à proprement parler des nids, édifiés en vue de l'élevage des
jeunes; car, à l'époque des amours, chaque couple
s'isole et se construit une retraite particulière, dans le
voisinage du berceau. Ces abris sont toujours situés
dans les parties les plus retirées de la forêt, et posés

à terre au pied des arbres. Plusieurs couples travaillent
ensemble pour élever l'édifice. D'abord ils établissent
un plancher légèrement convexe, fait avec des bâtons
entrelacés, et qui doit tenir la salle à l'abri de l'humidité
du sol. Au centre de cette première plateforme s'élève
la tonnelle. Des branchages disposés verticalement
sont enlacés par leur base avec ceux du plancher. Les
Oiseaux en disposent ainsi deux rangées qui se font
face, puis ils recourbent les extrémités supérieures de
ces baguettes et les fixent ensemble, de manière à obtenir une voûte. Toutes les ramifications qui hérissent les
matériaux employés dans la construction sont tour-
nées vers le dehors pour que l'intérieur de la salle soit
lisse et que les Oiseaux ne puissent y accrocher leur
plumage. Cela fait, les petits architectes, pour embellir
leur retraite, y transportent une foule d'objets voyants,
tels que cailloux roulés bien blancs apportés du ruisseau voisin, coquillages, plumes éclatantes de Perroquets, enfin ce qui leur tombe sous le bec. Tous ces
trésors sont disposés à terre, devant les deux entrées du berceau, de façon à former de chaque côté
un tapis peu moelleux, mais dont les couleurs variées
réjouissent l'œil. Les plus jolies trouvailles sont fixées
dans la paroi même de la hutte. Ces maisons de
plaisance avec tous leurs enjolivements sont un
séjour fort au goût de cette gent ailée, et les Oiseaux

Bongo. — Le Champ-lert.

y passent la plus grande partie de la journée, à se lisser les plumes et à se raconter les faits divers de la forêt. Ce sont des salons élevés à frais communs par tous ceux qui les fréquentent ; autant dire le *Bower-Birds'-Club*.

Un compatriote du précédent, le *Chlamydera maculata*, qui vit aussi dans l'intérieur de l'Australie, pratique avec le même succès ce genre de constructions. Les tonnelles bâties par ces Oiseaux peuvent atteindre jusqu'à 1 mètre de longueur, ce qui est fort luxueux, l'animal n'ayant lui-même que 25 centimètres. Dans cette espèce, comme dans celle qui vient de nous occuper, les berceaux ne sont pas l'œuvre et la propriété d'un seul couple ; c'est le résultat de la collaboration de plusieurs ménages qui viennent ensemble s'y abriter. Ces Oiseaux se nourrissent exclusivement de graines; aussi est-ce à un goût de collectionneur fort prononcé qu'il faut rapporter la manie d'amonceler devant les entrées de leur tonnelle les matériaux que nous avons déjà dits : cailloux blancs, coquillages, petits os (fig. 30). Ces objets sont destinés à l'unique agrément de ces artistes à plumes. D'ailleurs fort soigneux, ils ne rapportent jamais que des pièces très propres et qui ont été bien blanchies et desséchées par le soleil.

Abris tissés avec des corps souples. — Malgré leur

inhabileté et l'insuffisance de leurs organes pour un tel genre de travail, les Poissons ne sont pas les plus maladroits architectes. Les espèces qui construisent des nids pour la ponte sont assez nombreuses ; on cite toujours le cas classique de l'Épinoche, mais cet animal n'est point le seul de sa classe à posséder le secret de la fabrication d'un abri pour les œufs.

Un Poisson de Java, le Gourami *(Osphronemus olfax)* établit un nid ovoïde, avec des feuilles de plantes aquatiques tissées ensemble. Il donne à son travail environ la taille du poing, ne prend aucun repos qu'il ne l'ait conduit à bonne fin, et peut achever son œuvre en 5 ou 6 jours. C'est le mâle seul qui tisse cette demeure ; lorsqu'elle est prête, une femelle y vient pondre et le remplit généralement : il peut contenir de 600 à 1000 œufs.

Dans la mer des Sargasses vit un Poisson qui a reçu le nom d'*Antennarius marmoratus*. Sa tête aplatie et monstrueuse lui donne un aspect bizarre, il est marbré de brun et de jaune. Ces tons sont ceux des touffes d'algues flottantes dans le voisinage desquelles il se tient, et il peut, grâce à cette disposition, se dissimuler facilement au milieu d'elles, et n'être pas reconnu de loin. Cet animal construit pour sa progéniture une retraite assez sûre. Les matériaux qu'il emploie sont les paquets de sargasses, très abondants dans cette portion de l'Atlantique. Il rassemble tous les filaments, les maintient solidement entre eux, en les entourant du mucus visqueux qu'il secrète et qui durcit. Lorsqu'il juge son ouvrage assez résistant pour n'être pas disloqué par les lames, il y dépose ses œufs, et le nid flottant est abandonné à sa fortune. Le petits éclosent et trouvent dans son sein une efficace protection pendant leur jeune âge. Ces demeures, nageant ainsi à la surface de la mer, sont arrondies et à peu près de la taille d'une noix de coco.

A la Guyane et au Brésil, on rencontre une autre espèce, le *Chœstostomus pictus*, qui est tout aussi habile. Avec des plantes aquatiques, il construit un nid sphérique et le dispose au milieu des joncs, à fleur d'eau. Il laisse à la partie inférieure un trou par lequel la femelle vient pondre. Après la fécondation, le couple, ce qui est rare parmi ces animaux, demeure dans le voisinage de sa progéniture pour lui porter secours à l'occasion. Ce louable sentiment est souvent même la cause de leur perte. Les riverains du fleuve spéculent sur l'amour de ces Poissons pour leurs descendants afin de s'en emparer. Il suffit de placer une corbeille près de l'entrée de la demeure, sur laquelle on frappe légèrement. L'animal, menacé dans ses plus chères affections, s'élance furieux, les épines hérissées, et vient se jeter tête baissée dans le piège.

Faut-il rappeler avec quel art savant l'Épinoche, qui habite toutes nos rivières, tresse son nid et reste en sentinelle auprès de lui (fig. 31)? Ce Poisson a jusqu'à présent accaparé presque toute l'admiration, et il est considéré comme le plus habile architecte aquatique, sinon comme le seul. Pourtant, en outre des genres que nous venons de citer, il en est un qui égale l'Épinoche dans l'adresse qu'il déploie à construire un abri pour son frai. C'est le *Gobius niger* que l'on rencontre sur nos côtes, principalement aux estuaires des fleuves. Le mâle enlace et tisse des feuilles de zostères et des algues, et, lorsqu'il a fini ses préparatifs, il va chercher des femelles, et une à une les mène pondre dans la retraite qu'il a édifiée. Puis il reste dans le voisinage jusqu'à l'éclosion des petits, prêt à fondre avec rage et toutes épines dehors sur les imprudents qui viennent roder dans ces parages.

Habitations tissées avec le plus d'art. — C'est, sans aucun doute, la classe des Oiseaux qui fournit les artisans les plus experts dans l'industrie de la demeure tissée. Quelle merveilleuse adresse déploient tous ceux que nous pouvons voir travailler dans nos pays, et quelle activité! Tout le jour ils quêtent à droite et à gauche, rapportant un brin de paille, une pincée de mousse, un crin envolé de la queue d'un Cheval, ou une touffe de laine accrochée à un buisson. Ils entre-

Fig. 31. — L'Épinoche et son nid. (Blanchard.)

mêlent ces matériaux, faisant la charpente de la construction avec les plus grossiers, gardant pour l'intérieur les plus fins et les plus chauds. Ces nids, attachés à la fourche d'une branche d'arbre ou d'arbuste, dissimulés au plus profond d'un buisson, sont de petits chefs-d'œuvre d'habileté et de patience. Décrire toutes les formes et toutes les manières remplirait un volume. Mais je ne puis pourtant passer sous silence celles qui révèlent une science sûre d'elle, et qui ne sont pas très inférieures à ce que l'homme peut faire dans ce genre.

La *Remiz penduline* (*Aegithalus pendulinus*), ou Mésange de Lithuanie, vit dans les marais, au milieu des roseaux et des saules, en Pologne, en Galicie et en Hongrie. Son nid, qui ne ressemble à aucun de ceux que l'on rencontre dans nos pays, est toujours suspendu au-dessus de l'eau, à deux ou trois mètres de la surface, et fixé à une branche de saule.

Tous les individus ne révèlent pas la même habileté dans la fabrication de leur demeure, les uns sont plus soigneux et plus adroits, les autres, plus inexpérimentés. Quelques-uns d'ailleurs, sont obligés par les circonstances à précipiter leur travail et voici pourquoi :

Il arrive fréquemment que les Pies dégradent ou même détruisent entièrement à coups de becs l'un de ces jolis nids. Le couple infortuné doit recommencer sa tâche, et si le même ménage subit deux ou trois fois cet accident, on conçoit que, découragé, pressé par la saison qui s'avance, il se hâte d'édifier tant bien que mal un asile, ne songe, faute de temps, qu'à l'indispensable et néglige les perfectionnements.

Quoi qu'il en soit, les nids conduits à bonne fin ont la forme d'une bourse (fig 32), de 20 centimètres de hauteur sur 12 de largeur. Sur les côtés, une ouverture, prolongée par un couloir généralement horizontal, donne accès dans l'intérieur. On trouve parfois une autre ouverture sans couloir. Tous les nids, au cours de la construction, ont possédé cette seconde entrée, mais elle est le plus souvent obstruée, une fois le travail fini.

Lorsque la Remiz penduline a résolu d'établir sa retraite, elle fait d'abord choix d'une branche pendante, présentant quelques bifurcations utilisées comme cadres rigides, sur lesquels elle tisse les parois latérales de son habitation. Elle entrecroise de la laine et des poils de chèvre, de façon à former deux trames qui sont ensuite reliées l'une à l'autre, par le bas, et constituent la première ébauche du nid, semblable à ce moment à un panier à fond plat. Ce n'est que le début. Toute la muraille est renforcée par l'adjonction de nouveaux matériaux. L'architecte entasse du

Fig. 52. — La Remiz penduline et son nid.

duvet de peuplier et de saule, et relie le tout avec des filaments arrachés à l'écorce des arbres, de manière à faire un ensemble très résistant. Puis une couche est établie par l'amoncellement de laine et de duvet au fond du nid.

Le *Loriot d'Amérique,* que l'on appelle aussi *Oiseau de Baltimore,* est un tisseur émérite. Avec des tiges et de feuilles de graminées il fait une sorte de paillasson très fin, et lui donne une disposition remarquable et très commode. On pourrait comparer la forme de son nid à celle d'un jambon; il l'accroche par la partie étroite à une petite branche et le pend la partie large en bas. Un orifice est ménagé à l'extrémité inférieure de la demeure, et le dedans est soigneusement rembourré de substances molles.

Dans l'île de Luçon, le *Loxia philippina* se montre tout aussi adroit. Son nid est tissé avec une extrême délicatesse. Il ressemble à une carafe à long col, suspendue l'ouverture en bas. Du fond de la carafe se détache un lien résistant, à l'aide duquel tout l'ensemble est attaché à une branche d'arbre (fig. 33).

Ces Oiseaux n'ont pas le monopole de ces habitations soignées; un certain nombre de genres ont porté cette industrie au même degré de perfection que ceux-ci.

Lorsque des animaux s'appliquent en commun à un

travail, presque toujours ils s'y montrent très supérieurs aux espèces voisines, dont les individus opèrent
isolément. La construction des demeures ne fait point

Fig. — Nid au bord d'un puits.

exception, et les nids des *Républicains*, Oiseaux de
l'Afrique australe, sont bien les mieux construits qui
se puissent voir.

Ces Oiseaux se réunissent en colonies considérables; on peut évaluer le nombre des membres de

ces associations à deux cents au moins, et même quelquefois il s'élève jusqu'à cinq cents. La cité qu'ils con-

Fig. 47 — Le Républicain social (Philetairus).

struisent est une merveille d'industrie. D'abord, avec
de l'herbe, ils établissent un toit incliné, lui donnent
la forme d'un champignon ou d'un parapluie ouvert,
et le placent de telle sorte qu'il soit soutenu par

tronc d'un arbre et une ou deux des branches qui en partent (fig. 34). Ce chaume est préparé avec tant de soin qu'il est absolument impénétrable à l'eau. Au-dessous de cet abri protecteur, chaque couple fabrique sa demeure privée. Tous les nids particuliers sont dirigés l'ouverture en bas, et ils sont tellement pressés les uns contre les autres que l'on ne voit pas leur séparation en regardant la construction par dessous. On aperçoit seulement une surface criblée de trous comme une écumoire; chacun de ces orifices est la porte d'un nid. Cet ouvrage peut résister plusieurs années; tant qu'il y a place au-dessous du toit, les jeunes abritent leurs amours auprès de leur berceau; mais enfin, la colonie allant toujours en s'accroissant, une partie s'en détache et va fonder une ville nouvelle sur un autre arbre de la forêt.

L'industrie de l'habitation tissée n'est guère florissante chez les Mammifères; l'un d'eux pourtant y excelle. C'est la Souris naine (*Mus minutus*), assurément l'un des plus petits Rongeurs. Elle vit ordinairement au milieu des joncs et des roseaux, et c'est peut-être cette circonstance qui l'a poussée à construire une demeure aérienne pour ses petits, ne pouvant les déposer dans la terre trop humide et souvent inondée du marécage. Cette retraite ne lui sert pas en toute saison, elle la prépare uniquement en vue d'y mettre bas. C'est donc un véritable nid, non seulement par la manière dont il est fait, mais encore par le but auquel il est destiné.

La Souris choisit, au milieu du domaine qu'elle parcourt, une touffe avec des feuilles plus ou moins entrecroisées; pas trop inextricables, pourtant, afin qu'il reste au milieu un espace vide, au centre duquel elle va disposer son travail. Elle fait déjà montre d'une grande ingéniosité dans les préliminaires et simplifie beaucoup sa besogne, en utilisant les matériaux, qui se trouvent à sa portée au lieu d'aller les récolter au loin et péniblement. Le petit animal examine la broussaille où il veut se fixer et, après réflexion, jette son dévolu sur une trentaine de feuilles qui lui paraissent propices. Alors, sans les détacher, il déchire chacune d'elles en sept ou huit lanières qui tiennent toutes ensemble par leur base et qui restent liées aux roseaux. C'est fort adroit à lui de ne point perdre un point d'appui naturel. Ces bandelettes préparées, il les entrelace, les croise, les trame avec beaucoup d'art, allant, venant, plaçant d'abord tantôt l'une d'elles, puis au-dessus une autre, prise à une feuille différente. Il a bientôt tissé une boule de la grosseur du poing et creuse à l'intérieur (fig. 35). Les matériaux délicats ne manquent point alentour pour y faire un doux lit. Le Rongeur récolte et apporte sans relâche du léger duvet de saule, des graines avec leurs aigrettes cotonneuses,

Fig. 351. — Souris naine et son nid.

des pétales de fleurs. Tout cela est feutré avec soin et quand l'édifice est achevé, la femelle s'y retire pour y déposer ses petits, qui sont là aussi bien abrités que

Fig. 36. — L'Orthotome à longue queue.

possible contre les dangers du dehors et les caprices des orages ou des inondations. Ce nid est fait avec autant de délicatesse que celui de pas un Oiseau, et aucun autre Mammifère, si ce n'est l'Homme, n'est susceptible d'exécuter un tel travail de tisseur.

Il y a des Oiseaux qui sont parvenus à résoudre une remarquable difficulté. La couture semble un art tellement ingénieux qu'il doive être réservé à la seule espèce humaine. Cependant l'*Orthotomus longicauda* et le *Cisticola schœnicola* en possèdent les éléments. Ils placent leurs nids dans une large feuille d'arbre qu'ils préparent à cet effet. Avec leurs becs, ils percent deux séries de trous sur les deux bords de la feuille; puis passent alternativement d'un côté à l'autre un fil résistant. De sorte que, avec cette feuille d'abord plate, ils font un cornet, dans lequel ils tissent leur nid avec du coton ou de la bourre (fig. 36). Ces travaux de tissage et de couture sont précédés de la filature du lien. L'Oiseau le fabrique lui-même en tortillant dans son bec des toiles d'Araignées, des brindilles de coton, de petits bouts de laine. On ne peut s'empêcher d'admirer ces animaux, qui ont triomphé si habilement de tous les obstacles rencontrés au cours des opérations compliquées auxquelles ils se livrent.

Modifications des demeures suivant les saisons et les climats. — Un certain nombre de faits montrent bien

que ces industries diverses ne sont point des instincts
fixes et immuables imposés à l'espèce. Certains Oi-

Fig. 37. — Loxia tœnioptera.

seaux changent la forme de leur demeure suivant le
climat, ou suivant la saison pendant laquelle ils doi-

vent l'habiter. Par exemple le Bec-croisé, *Loxia tænio-ptera* (fig. 37) n'édifie pas son nid d'après les mêmes règles en Suède et dans nos régions. Il niche en toute saison. L'abri d'hiver est sphérique, construit avec des lichens bien secs et il est très gros. Une ouverture très étroite, et juste suffisante pour le passage du propriétaire ne laisse pas pénétrer le froid du dehors. Les nids d'été sont beaucoup plus petits par suite de la réduction dans l'épaisseur des parois. Il n'y a plus à craindre que le froid les traverse, et l'animal ne se donne pas une peine superflue.

Voici encore l'*Hypbantes Baltimore* qui habite à la fois les régions septentrionales et méridionales de l'Amérique du Nord, c'est-à-dire dans des climats très différents, et il sait fort bien adapter sa manière de travailler aux circonstances extérieures dans lesquelles il doit vivre. Ainsi, dans les États du sud, son nid est tissé avec des matériaux fins, unis entre eux d'une façon assez lâche pour que l'air puisse circuler librement, et entretenir dans l'intérieur de l'habitation une certaine fraîcheur; il ne le double d'aucune substance chaude et tourne la porte du côté de l'ouest, de façon que le soleil n'y puisse envoyer que ses obliques rayons du soir. Dans le nord, au contraire, le nid est orienté au midi pour profiter de toutes les clartés réchauffantes, les parois sont épaisses, sans interstices, et la demeure est tapissée avec ce qu'il y a de plus fin et de plus chaud. On pourrait citer bien d'autres faits encore ; ceux-là suffisent pour montrer que l'espèce ne porte point en elle un instinct fatal ; mais que chaque individu, habile sans doute par hérédité, peut modifier les procédés à lui transmis par ses ancêtres, d'après sa propre expérience et son propre jugement.

Habitation bâtie. — L'habitation bâtie, expression de civilisation plus haute, est celle qu'il nous reste à étudier maintenant. L'Homme n'a su construire ce genre d'abri qu'à une période assez tardive de son évolution ; aussi chez les animaux ne le trouvons-nous pas très répandu, beaucoup moins assurément que les deux précédents et surtout que le premier. La difficulté de ce travail est plus grande, et il n'arrive à un développement considérable que chez les espèces très sociables. Les efforts réunis d'un grand nombre d'individus sont nécessaires pour en venir à bout.

Il y a cependant des maçons qui opèrent isolément ; mais leurs constructions sont assez rudimentaires. La caractéristique de tous ces ouvrages est la suivante ; ils sont fabriqués avec une substance quelconque, à laquelle l'animal donne une forme déterminée pendant qu'elle est plastique et molle, et qui, en séchant, conserve cette forme et acquiert de la solidité. La matière la plus fréquemment employée est la terre mouillée et gâchée, le mortier; pourtant il y a des animaux qui se servent avec succès de corps plus fins.

Deux exemples suffiront pour fixer la nature de ces exceptions : les travaux des *Guêpes* et ceux des *Salanganes*.

Nids en papier. — Les Guêpes, par les matériaux de leurs demeures, se rapprochent des Japonais; elles bâtissent en papier. Ce papier ou carton est extrême- ment résistant et leur donne un abri solide; de plus, étant mauvais conducteur de la chaleur, il contribue à maintenir un parfait équilibre de température dans l'intérieur du nid. Les constructions de ces Insectes, pour ne pas avoir la géométrique disposition de celles des Abeilles, n'en sont pas moins des plus intéressantes. Le papier qu'ils emploient est fabriqué sur place, au fur et à mesure que les parois des cellules se déve- loppent. Des détritus de toute espèce entrent dans sa préparation : petits fragments de bois, sciure, etc..., tout est bon. Aucun organe spécialement adapté ne vient en aide à ces Hyménoptères; c'est avec leur salive qu'ils agglutinent toutes ces poussières, et en font une substance très propre au travail pour lequel ils la destinent. Ces demeures atteignent parfois des di- mensions considérables; cependant elles sont toujours

commencées par une seule femelle, qui fait tous
les ouvrages sans aide, jusqu'au moment de l'éclosion
de ses premiers œufs, qui lui fournit des ouvrières,
capables de la seconder et de prendre leur part de sa
tâche.

Fig. 38. — Nid de Salangane.

Nids de gélatine. — Les *Salanganes* sont des Hirondelles qui nichent dans les grottes ou les falaises situées au bord de la mer. Après avoir recueilli au long du flot une substance gélatineuse, formée soit de frai de Poisson, soit de ponte de Mollusques, elles emportent cette matière sur une muraille à pic et l'appliquent suivant un arc de cercle. Ce premier dépôt étant sec, elles l'accroissent en collant sur son bord un nouvel apport. Peu à peu la demeure prend l'aspect d'une coupe et reçoit les œufs de l'ouvrière (fig. 38). Ces habitations sont les fameux nids d'Hirondelles, si appréciés des gourmets de l'Extrême-Orient, et qui sont comestibles au même titre que le caviar, par exemple.

Constructions bâties en terre. Maçons isolés. — Certains animaux, dont la demeure elle-même participe de la caverne creusée, y ajoutent des annexes pour lesquels ils peuvent réclamer une place parmi les constructeurs dont nous parlons ici.

L'Anthophore des murailles (*Anthophora parietina*) est dans ce cas ; c'est une petite Abeille qui vit en liberté dans nos climats. Comme son nom l'indique, elle fréquente volontiers les murs des vieilles constructions et trouve un asile entre les moellons, en creusant le mortier à demi désagrégé par le temps.

L'entrée de sa demeure est protégée par un tuyau recourbé vers le bas (fig. 39) et qui fait saillie à l'extérieur.

Le propriétaire entre et sort par ce conduit, et comme celui-ci est courbé vers la terre, il protège l'intérieur contre le ruissellement de la pluie, en même temps qu'il rend plus difficile l'entrée des Mélectes et des Anthrax. Ces Insectes, en effet, guettent le départ de l'Anthophore pour essayer de pénétrer dans son nid et d'y déposer leurs œufs.

Le corridor d'entrée et de sortie a été bâti avec des grains de sable, provenant des déblais que l'Insecte a produits en creusant. Ces grains de sable agglutinés ensemble, forment une paroi très résistante en se désséchant.

Les autres animaux dont il nous reste à parler sont les véritables maçons, qui préparent leur mortier en gâchant de la terre mouillée.

Chacun a vu, au printemps, travailler l'Hirondelle de nos pays qui niche au coin des fenêtres. Elle établit en général son habitation dans un angle, en sorte que trois parois déjà existantes puissent être utilisées; il lui suffit, pour avoir un espace clos, d'y ajouter une seule face. Elle donne généralement à celle-ci la forme d'un quart de sphère, et la commence en appliquant de la terre, plus ou moins

mêlée de paille hachée, contre les murs qui doivent soutenir l'édifice. Au sommet de sa construction, elle laisse un orifice pour entrer et sortir. Pendant tout son séjour dans nos pays, l'Hirondelle use de cette demeure, et même y revient plusieurs années de suite, tant que son ouvrage peut supporter les attaques du temps. On a maintes fois constaté le fidèle retour de ces Oiseaux à leur vieux nid, en leur attachant des rubans aux pattes ; et périodiquement on les revoyait toujours avec leur marque distinctive.

Les *Chalicodomes*, dont le nom d'Abeilles maçonnes indique assez qu'elle se livrent à l'industrie dont nous parlons maintenant, sont des Hyménoptères voisins de nos Abeilles. Ils ne vivent pas en société comme celles-ci, et montrent une initiative individuelle et une habileté aussi grandes que l'Hirondelle.

Ce sont les femelles qui accomplissent le travail que nous allons décrire. Les petites cellules qu'elles bâtissent sont rangées, au nombre de huit ou dix ensemble, dans les lieux les plus divers : tantôt sur un galet, tantôt sur une branche d'arbre, ou encore elles sont appliquées sur un mur de pierre (fig. 40). L'Insecte recueille de la terre aussi ténue que possible, comme la poussière d'un sentier fréquenté, et la gâche avec sa propre salive. Il applique côte à côte ces boulettes de mortier ; son ouvrage prend bientôt la

forme d'une cupule, sur le rebord de laquelle il ajoute
constamment de nouveaux dépôts. Le soleil a vite
fait de sécher le tout et de lui donner la consistance
nécessaire.

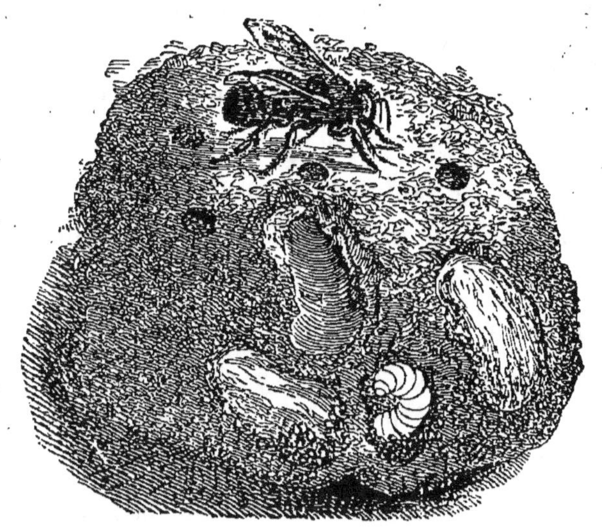

Fig. 40. — Chalicodomes.

Lorsque la cellule a acquis une hauteur suffisante,
le Chalicodome abandonne son métier de maçon,
et va butiner sur les fleurs le pollen et le nectar dont
il doit emplir la logette. Il revient au nid, dégorge
sa provision, retourne au champ, et remplit jusqu'au bord la petite coupe de terre. Cette demeure
ainsi préparée et approvisionnée, l'Insecte y dépose
un œuf, et ferme la partie supérieure avec une voûte,

bâtie par dépôts successifs sur l'ouverture, qui va en se retrécissant de plus en plus et finit par être obturée tout à fait. Ayant achevé une loge, il passe à la suivante, et ainsi de suite, tant qu'il n'a pas assuré le sort de tous ses descendants.

Assurément, cet Hyménoptère trahit dans ses actes d'artisan un instinct fatal : intelligence héréditaire devenue moins personnelle et moins spontanée. Cependant, dans certains cas, l'instinct perd de sa rigidité et de son automatisme. Ainsi, lorsqu'un Chalicodome, au moment où il se prépare à accomplir sa tâche, rencontre un vieux nid, encore susceptible de réparations, quoique délabré, il n'hésite pas à s'en emparer et impose silence à son prétendu besoin inné de bâtir. Il profite de l'ouvrage tout fait, et se contente de boucher les lézardes ou de rétablir la maçonnerie dans quelque brèche ; puis il approvisionne de miel les cellules remises à neuf et y pond. Dans certaines circonstances, il se montre encore plus économe de sa peine et déroge hardiment à la loi qui lui semble imposée par la nature. Assez souvent le Chalicodome, s'il se sent robuste et fort, se précipite sur un congénère, constructeur paisible, qui a presque achevé son œuvre ; il le chasse et s'empare de son bien, pour y abriter ses œufs. Au lieu de fabriquer la cellule de fond en comble, il n'a plus qu'à la terminer. De pareils actes montrent évidemment à travers l'instinct des retours de réflexion.

Outre les Hirondelles dont nous avons déjà parlé, les Oiseaux nous offrent plusieurs types, qui font des constructions fort habiles en terre gâchée.

Le *Flamant*, qui vit dans les marais, ne peut déposer ses œufs à terre, ni dans les troncs des arbres, souvent absents de son domaine. Il édifie un cône de mortier qui sèche et devient très résistant et ménage au sommet une excavation ouverte à l'air; c'est là le nid. La femelle couve en s'asseyant les jambes pendantes des deux côtés du monticule, sur lequel sa petite famille prospère au-dessus des eaux et du sol humide.

Le *Cingle plongeur* fabrique aussi une habitation de terre séchée. Il lui donne la forme d'une coupole surbaissée, et y ménage une ouverture en plein cintre pour pouvoir entrer et sortir.

L'Oiseau qui se montre le plus expert maçon est sans contredit le Fournier Roux *(Furnarius Rufus)* du Brésil. Son nom lui vient de la forme du nid qu'il construit pour couver, et qui a l'apparence d'un four. Il est très adroit, sait élever sans échafaudage un dôme de terre glaise, et ce n'est pas précisément une chose aisée. Après avoir choisi pour emplacement de ses travaux une grosse branche horizontale, il y apporte en quantité des boulettes de terre glaise, plus ou moins liée avec des débris végétaux, les pétrit toutes ensemble, et en fait un plancher bien uni, qui doit servir de plate forme pour le reste de l'ouvrage. Ceci terminé, et lorsque cette base est sèche, le Fournier dispose sur elle un rebord circulaire de mortier, légèrement incliné en dehors; celui-ci devenu dur, il l'exhausse par une nouvelle application, inclinée en dedans cette fois. Toutes les autres couches, qui vont être déposées au-dessus de celle-ci, auront également une déclivité vers l'intérieur de la chambre.

Peu à peu, à mesure que la maçonnerie s'élève, le cercle qui la termine à la partie supérieure se retrécit de plus en plus. Bientôt il est tout petit, et l'animal le fermant avec une boulette d'argile, se trouve possesseur d'une coupole très soignée. Naturellement, il y a ménagé une entrée; sa forme est demi-circulaire. Mais ce n'est pas tout encore. Dans l'intérieur, il dispose deux cloisons : une verticale, l'autre horizontale, qui séparent une petite chambre. La cloison verticale part de l'un des bords de la porte, de sorte que l'air du dehors, trop chaud ou trop froid, ne pénètre pas aussi directement dans le réduit, qui, de cette façon, se trouve protégé contre les extrêmes variations de température. C'est dans le compartiment ainsi disposé, que la femelle dépose les œufs et couve, après avoir eu soin au préalable de la tapisser avec une épaisse couche d'herbes fines.

Maçons travaillant en sociétés. — Les Fourmis nous ont déjà fourni des preuves nombreuses de leur intelligence et de leur prodigieuse industrie. Si éloignées de l'Homme au point de vue anatomique, ce sont de tous les animaux ceux dont les facultés psychiques se rapprochent le plus des siennes. Sociables comme lui, elles ont subi une évolution parallèle à la sienne, qui les a placées à la tête des Insectes, de même que lui est devenu supérieur à tous les Mammifères. Leur cerveau, comme le sien, a subi une croissance disproportionnée. De même que l'Homme, elles ont un langage, qui leur permet de combiner leurs efforts, et il n'est guère d'industrie humaine dans laquelle ces Insectes ne soient arrivés à un haut degré de perfection. Si, en certains points de la terre, des sociétés d'Hommes se montrent supérieures aux Fourmis, en combien d'autres, une civilisation notablement plus avancée ne donne-t-elle pas l'avantage à celles-ci. Quel village de Caffres vaut un palais de Termites? Les classifications écartent ces Insectes des Fourmis, puisque ces dernières sont des Hyménoptères, tandis que les premiers sont rangés parmi les Névroptères; mais, leurs constructions étant presque semblables, nous les

décrirons ensemble. Ces petits animaux, toute proportion gardée, font colossal auprès de l'Homme ; on
ne peut même pas comparer leurs travaux ordinaires
avec nos monuments les plus exceptionnels. Qu'on en
juge d'après ces quelques chiffres. Les dômes d'argile
triturée et maçonnée qui recouvrent leurs nids peuvent
avoir jusqu'à 5 mètres de hauteur. On est émerveillé
de ces dimensions, égales à 1000 fois la longueur de
l'ouvrier.

La tour Eiffel, le monument le plus élevé dont
s'enorgueillit l'industrie des Hommes, ne fait que
187 fois la taille moyenne de l'artisan. Elle a 300 mètres ; mais, pour atteindre l'audace du Termite, son
sommet devrait être à 1600 mètres. Il risquerait d'être
souvent sous la neige, et on pourrait du moins, en
été, y trouver quelque fraîcheur.

Les différentes espèces de Termites ne sont pas
également industrieuses. C'est le *T. Bellicosus* qui
paraît avoir porté au plus haut degré l'art de la construction. Tous les individus d'une colonie ne sont
point pareils, il existe un polymorphisme qui donne
des êtres de trois sortes :

1° Les *soldats*, qui se reconnaissent à leur larges
têtes et à leurs mandibules longues, acérées et mues
par des muscles puissants ; ils ont mission de défendre toute la colonie contre ses adversaires, et les

blessures qu'ils font, mortelles pour des animaux de leur taille, sont déjà cruelles pour l'Homme ;

2° Les *ouvriers*, qui sont chargés de tous les travaux de terrassiers et d'architectes ;

3° Le *roi* et la *reine*. Il n'y a généralement par nid qu'un seul couple fécond et oisif. Car ces deux personnages ne font absolument rien ; les soldats et les ouvriers ont soin d'eux et leur apportent leur nourriture. Tous les deux ont eu des ailes ; mais elles sont tombées. La reine règne, mais ne gouverne pas… elle pond. Quant au roi, c'est le mari de la reine. L'aménagement intérieur du palais, étant lié au rôle que jouent ces trois sortes d'êtres, il était nécessaire de donner un rapide aperçu des fonctions qui leur sont départies.

Le nid, fort élevé, comme je l'ai déjà dit, constitue un monticule en forme de coupole. La disposition intérieure est très compliquée, en même temps que très bien adaptée à la vie de ce peuple. L'ensemble comprend quatre étages, recouverts par la paroi extérieure générale (fig. 41). Nous allons les étudier successivement. Commençons par le dôme. Ses parois sont fort épaisses : à la base elles mesurent de 60 à 80 centimètres. Quelles murailles de basiliques peuvent leur être comparées ! L'argile, en séchant, est devenue dure comme de la brique, et le tout est très cohérent. Les sentinelles des troupeaux de Bœufs sauvages choisissent pour observatoires ces tumulus et s'y tiennent sans les effondrer. Les parois de cette enceinte extérieure sont creusées par des galeries de

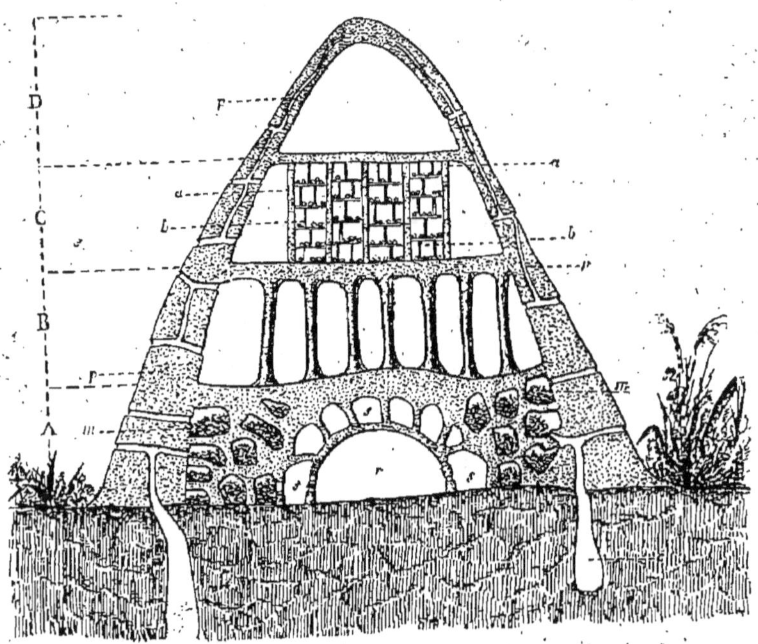

FIG. 41. — Coupe schématique d'un nid de *Termites bellicosus.*

A, rez-de-chaussée ; r, loge royale entourée de cellules pour les ouvrières de service (s) ; m, magasins remplis de particules de gomme et sucs de plantes séchées ; c, catacombes ; p, paroi extérieure du dôme percée de conduits horizontaux et longitudinaux ; B, 1er étage, grande salle à colonnes ; C, 2e étage où sont élevés les jeunes ; a cloisons principales en terre ; b, cloisons secondaires en fragments de bois agglutinés avec la gomme ; D, grenier, réservoir d'air isolant.

deux sortes : les unes, horizontales, donnent accès du dehors dans tous les étages ; les autres montent en spirales dans l'épaisseur du mur et jusqu'au sommet du dôme. Lorsque la colonie est en pleine activité, que la construction est terminée, ces petits conduits n'ont plus d'usage. Ils ont servi pour le passage des maçons chargés de matériaux quand ils faisaient la coupole ; et ils pourraient encore à l'occasion être utilisés, s'il se produisait quelque brèche.

A la partie inférieure, ces galeries pratiquées dans le mur sont très larges, et elles s'enfoncent dans la terre, au-dessous du palais, à plus de $1^m,50$. Ces souterrains sont les catacombes des Termites ; ils ont d'ailleurs les plus grands rapports avec celles des vieilles et populeuses cités humaines. Leur origine est pareille ; comme celles-ci, ce sont d'anciennes carrières. Les Insectes les ont creusées pour extraire l'argile nécessaire pendant les travaux. Plus tard, au moment des grandes pluies, elles servent d'égouttoirs où se déversent les eaux trop abondantes qui risqueraient d'envahir la demeure. Donc, rien ne manque à ce palais, pas même les égouts.

Tel est le mur extérieur, au-dessous duquel grouille tout un peuple affairé. Voyons maintenant ce qui se passe à l'intérieur et dans chaque étage. Entrons d'abord au rez-de-chaussée. Au centre, se trouve la loge royale. Les murs, extrêmement puissants, sont régulièrement percés de fenêtres pour l'aération, et de portes pour les Termites de service. Il est nécessaire de renouveler l'air dans cette cellule, où se tiennent sans cesse plus de deux mille Insectes. Les ouvertures sont larges assez pour le passage des ouvriers ; mais la reine ne peut les franchir. Elle est donc prisonnière, et aussi claquemurée qu'une déesse dans son temple. La chaîne qui la retient est le prodigieux développement de son abdomen. Vierge, elle a pu entrer, fécondée, elle ne peut plus sortir. Elle élabore des œufs d'une façon continue, et, d'instant en instant, l'un d'eux vient poindre à l'orifice de l'oviducte. Le roi se tient près d'elle, pour lui fournir à l'occasion son concours, ce qui lui a valu le nom, absolument justifié dans la circonstance, de Père du peuple. Autour du couple s'empressent les serviteurs intimes. Ils sont là environ deux mille, ouvriers et soldats, léchant les deux captifs royaux, pour enlever les poussières qui se fixent sur leurs poils, et leur apportant de la nourriture. Dès que la reine a pondu, un d'eux se précipite, saisit délicatement l'œuf entre ses mandibules, c'est le bien de l'État ; il l'emporte précieusement au deuxième étage, où se trouve située la *nursery*, et que nous verrons tout à l'heure.

Donc, le centre du rez-de-chaussée est occupé par l'appartement royal ; autour de celui-ci, et communiquant avec lui par de nombreuses portes, se trouvent une quantité de cellules, affectées aux ouvriers de service près de la reine. Ces petites chambres sont desservies par un dédale de couloirs. La loge centrale et ses dépendances, constituent au rez-de-chaussée un massif, autour duquel viennent se grouper d'autres pièces. Tout le vide laissé entre cette partie et la muraille générale est rempli par de vastes magasins, divisés en beaucoup de compartiments très spacieux. A l'intérieur, s'entassent les provisions que les Termites vont récolter chaque jour ; elles consistent surtout en gommes, en sucs de plantes séchés et broyés, de façon à former une poudre impalpable. L'accès auprès de ces richesses est assuré par de larges corridors qui s'entrecoupent et conduisent au dehors par les galeries traversant horizontalement la paroi, et que nous avons signalées plus haut.

Sur tout ce rez-de-chaussée repose une épaisse voûte d'argile, qui forme un plancher très résistant pour le premier étage. Celui-ci est composé d'une seule pièce ; elle n'a aucun usage dans le palais, si ce n'est d'isoler et de supporter les appartements du second, pour l'aménagement desquels les plus grands soins sont apportés. Point de cloison dans ce premier étage ; seulement, pour soutenir le plafond, des colonnes massives d'argile. Elles ont plus d'un mètre de hauteur. C'est une gigantesque cathédrale, où les architectes lilliputiens ont déployé un art considérable. Par suite de l'existence de cette immense pièce vide, un grand réservoir d'air est ménagé au centre même de la construction ; grâce aux galeries de la paroi extérieure, il est suffisamment renouvelé pour la respiration, sans pourtant que sa température suive toutes les oscillations du dehors.

Le second étage repose sur le précédent. C'est ici que sont apportés les œufs, et que les larves suivent leur évolution. Des cloisons d'argile déterminent quelques larges salles ; elles sont recoupées en divisions secondaires, et cette fois, ce n'est plus la terre qui est employée, comme dans tout le reste de l'édifice, mais des matériaux beaucoup plus fins et surtout beaucoup plus mauvais conducteurs de la chaleur. Il s'agit en effet de maintenir, dans ces petites chambres, la température à peu près constante, propice pour le développement des œufs. Les substances mises en œuvre pour réaliser ces conditions sont les suivantes : des parcelles de bois et de la gomme. Les Termites les agglutinent, et en forment les parois de ces précieuses cellules.

La disposition de l'étage supérieur est encore conçue en vue de protéger la progéniture, avenir de la cité. Il constitue le grenier, situé juste au-dessous de la coupole, et ne renferme absolument rien ; il sert uniquement à interposer entre le sommet de l'édifice et l'étage sous-jacent une couche d'air, mauvaise conductrice de la chaleur. La chambre des jeunes se trouve donc ainsi placée entre deux couches de gaz, précaution qui, jointe au choix des matériaux, ainsi que l'avons dit, la met dans les meilleures conditions, pour ne pas passer alternativement de la fraîcheur des nuits à la température étouffante des journées torrides.

On ne sait trop quelle chose admirer le plus, de la hardiesse et de l'énormité du travail entrepris par ces Insectes, ou de l'ingénieuse prévoyance qu'ils apportent, pour assurer aux larves délicates une confortable jeunesse. Il ne peut faire doute que ces animaux ne se montrent très supérieurs à l'Homme, toute proportion de volume gardée, dans l'art de construire en terre. Colonnes de soutien, coupoles, voûtes, rien n'est trop difficile ou trop compliqué pour les petits et patients ouvriers.

Les Fourmis de nos pays ne le cèdent point dans cette industrie aux Termites, et leurs demeures sont des modèles d'architecture. Comme elles ont été étudiées de plus près, on se rend un compte plus exact de la manière dont elles travaillent, et de la somme considérable d'intelligence et d'initiative qu'elles déploient dans l'accomplissement de leur tâche. Au pied des haies, à la lisière des bois, elles dressent leurs frêles monuments. Toutes les espèces ne sont pas également habiles, et des différences, comme celles que nous avons rencontrées pour d'autres industries, se retrouvent ici. D'une façon générale, on a vite fait de se rendre compte que les Fourmis n'obéissent pas, comme les Abeilles, à un rigide instinct, donnant la ligne de conduite en chaque circonstance, et poussant chaque individu à agir de telle sorte que ses efforts soient naturellement combinés et concordants avec ceux de ses voisins d'atelier. En observant une fourmilière, on s'aperçoit, au bout de très peu de temps, qu'un Insecte déterminé suit en travaillant une idée personnelle, qu'il a conçue et qu'il réalise sans s'inquiéter des autres. Souvent ceux-ci exécutent un projet tout à fait contradictoire. C'est une république quelque peu anarchique. Heureusement, les Fourmis ne sont pas entêtées, et, lorsqu'elles voient l'idée de l'une d'elles se dégager du travail commencé, elles ne demandent pas mieux que d'abandonner la leur, jugée moins bonne, et de collaborer à l'œuvre d'autrui. D'ailleurs, elles se concertent, les battements d'antennes sont un langage très compliqué, comportant bien des expressions, et l'ouvrier qui tient à faire triompher sa manière de voir ne les ménage pas. Il arrive quelquefois pourtant que ses efforts sont vains, et que ses compagnons manœuvrent auprès de lui de façon à contrecarrer ses projets. En face de ces résistances, ceux qui sont bien résolus à faire adopter leurs plans détruisent les ouvrages des opposants, des luttes acharnées en résultent souvent, et, sur ces chantiers, c'est le plus fort qui devient l'architecte général.

La Fourmi noire cendrée (*F. fusca*) construit son nid en terre maçonnée. Les différents étages superposés ont été ajoutés un à un à la partie supérieure de l'ancienne demeure, lorsque celle-ci est devenue trop exiguë pour la colonie croissante. En ouvrant une fourmilière, on les trouve bien distincts les uns des autres, et on voit que chacun d'eux est divisé, par un grand nombre de cloisons, en compartiments voûtés. Dans les plus larges, des piliers en terre soutiennent le plafond. Les loges communiquent toutes les unes avec les autres par des passages en œil-de-bœuf, ménagés dans les murs de séparation. Tout est petit, proportionné à la taille des travailleurs, mais disposé au mieux.

Lorsque, dans le conseil de la république, a été prise la résolution d'exhausser l'habitation commune, les ouvriers opèrent de la manière suivante, qui est assez singulière. Toutes les Fourmis se répandent au dehors, et, avec une activité extrême, elles prennent des parcelles de terre entre leurs mandibules, et grimpent les déposer sur le sommet de la demeure. Au bout de quelque temps, le résultat de ce microscopique travail apparaît. L'ancien toit, renforcé par tous ces matériaux, devient une épaisse terrasse, que les Insectes font d'abord très plane. Cette terre, ainsi rapportée grain à grain, est meuble et facile à fouir. La construction du nouvel étage débute d'abord par le creusement d'un grand nombre de tranchées. Les Fourmis grattent par places la terrasse qu'elles viennent de faire. Elles diminuent l'épaisseur de la couche dans les endroits qui doivent être des chambres, des corridors, etc., et l'augmentent au contraire, avec tous les déblais, dans les parties qui doivent rester pleines : murs, cloisons ou colonnes. Bientôt on aperçoit le plan entier du nouvel étage. Il diffère essentiellement de celui que traceraient les Hommes pour une de leurs maisons ; dans ce cas, tous les murs seraient marqués par leurs fondations, c'est-à-dire en creux, le travail de nos Hyménoptères, au contraire, les accuse en relief. Ces premières dispositions prises, les architectes à six pattes n'ont plus qu'à élever toutes les saillies, par de nouveaux dépôts, qu'ils apportent du dehors. Peu à peu, l'étage est arrivé à la hauteur qui doit suffire. Il reste à le recouvrir et ce n'est pas la partie la plus aisée. Le plafond est fait à l'aide de voûtes allant d'un mur à l'autre, ou d'un mur à un pilier.

Lorsqu'une de ces voûtes doit avoir une faible portée, quelques millimètres tout au plus, les *Formica fusca* la construisent à l'aide de deux rebords, établis en face l'un de l'autre sur le faîte de deux cloisons.

Ces saillies, faites de matériaux agglomérés avec de la salive, sont agrandies par des applications sur leurs bords libres. Elles avancent à la rencontre l'une de l'autre, et bientôt se rejoignent; c'est merveille de voir chaque Insecte, suivant son initiative personnelle, profiter de toute brindille, de tout fragment susceptible de supporter un poids quelconque, afin de faire gagner le surplomb en largeur.

Habileté et réflexion individuelle. — Cette personnalité dans le travail, qui trahit l'effort intelligent de chacun, a bien aussi ses inconvénients pour l'œuvre commune. Les opérations mal concertées peuvent ne pas s'accorder suffisamment, et Huber a été témoin d'un accident de ce genre. Deux murs se faisant face allaient être rejoints par une voûte. Une ouvrière étourdie avait commencé à établir une saillie horizontale au sommet de l'un d'eux, sans prendre garde qu'il était beaucoup moins élevé que l'autre. En continuant d'après ce projet, le plafond serait venu buter au milieu de la cloison opposée, au lieu de reposer sur le faîte. Passe une autre Fourmi, elle examine tout cela d'un air entendu, et trouve évidemment qu'il est ridicule de travailler de la sorte. Aussi, sans ménager l'amour-propre de sa maladroite concitoyenne, elle démolit son travail, exhausse d'abord le mur jugé trop bas, et refait entièrement une construction correcte, en présence de l'observateur. Si ce fait nous montre une inconcevable légèreté chez un des membres de cette sérieuse république, il met aussi en lumière le jugement, la réflexion et la décision dont les Fourmis sont susceptibles, en même temps que la liberté, dont l'instinct est entièrement dépourvu.

Ces *Formica fusca* se trouvent parfois en présence de bien autres difficultés. Il peut arriver que la salle à voûter soit beaucoup trop large, et que la portée doive être trop considérable pour la cohésion des matériaux employés. Les Insectes se rendent bientôt compte de cet embarras et y apportent remède de plusieurs façons, soit en construisant à la hâte des piliers au centre de la chambre trop grande, soit d'une autre manière. Ebrard nous raconte l'artifice suivant, qu'il a vu employer, et qui prouve à quel point les Fourmis savent tirer parti des circonstances les plus imprévues et qu'elles ont vite appréciées. Une ouvrière travaillait à recouvrir une large cellule; deux saillies, parties des murs opposés, s'avançaient l'une vers l'autre; toutefois il restait encore entre elles un vide de 12 à 15 millimètres, et il ne paraissait plus possible de charger les deux bords non soutenus, sans risquer un effrondement général. Le petit maçon était bien inquiet. Près de là se dressait une graminée. La Fourmi sembla vouloir en tirer parti, car elle s'y rendit et grimpa le long de la tige. Après avoir examiné et combiné, elle fit choix d'une feuille et se mit en devoir de la courber vers son travail. Pour y arriver, elle déposa sur l'extrémité de celle-ci un petit tas de terre mouillée qu'elle y fixa. Sous l'influence de ce poids une flexion se produisit; mais elle avait lieu au bout seulement. Ceci ne faisait pas l'affaire de l'Insecte; il fallait déterminer à la base un point de moindre résistance. La Fourmi rongea un peu à cet endroit; le résultat espéré fut atteint et la feuille s'abaissa dans toute sa longueur au-dessus de la salle en construction. Pour l'empêcher de se redresser et pour qu'elle demeurât bien adhérente au-dessus de la voûte, l'ouvrière revint encore vers la plante, et plaça de la terre entre la gaine et la tige. Cette fois toutes les difficultés étaient surmontées, et elle avait un échafaudage solide pour soutenir les matériaux de la voûte.

Chez les *Lasius niger,* l'indépendance des ouvriers est peut-être plus grande encore; ils font sans doute. de leur mieux pour concerter leurs efforts; mais il y réussissent moins bien que si un instinct fata

les dirigeait. En dépit des irrégularités de la construction, on peut y reconnaître un ensemble de demi-
sphères creuses concentriques qui s'emboîtent ; elles

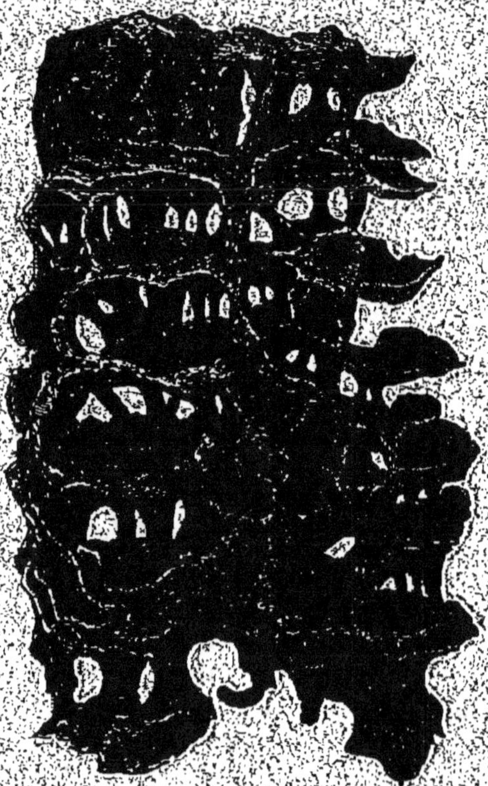

Fig. 43. — Fragment de nid de Fourmis.

ont été ajoutées, l'une après l'autre, à la périphérie
pour accroître l'habitation. L'intervalle compris entre
deux de ces sphères d'argile constitue un étage, re-

taillé par des cloisons, qui le divisent en chambres et en galeries de communication; les voûtes des plus larges salles sont soutenues par de nombreux piliers (fig. 42).

Les Fourmis, ainsi que le montrent les observations d'Huber, sont passées maîtresses dans l'art de lancer une coupole. Quand elles veulent augmenter leur nid d'une couche, elles profitent du premier jour de pluie, circonstance propice pour agglutiner et réunir entre eux les matériaux. Elles opèrent à peu près de la même façon que les *Formica fusca;* tout en montrant plus de hardiesse et de ressources comme architectes; elles savent mieux calculer à l'avance le nombre des piliers nécessaires dans une salle d'étendue déterminée. Dès que la pluie a donné le signal du travail, elles se répandent au dehors et préparent sur la surface extérieure de la demeure, devenue trop étroite, une terrasse très épaisse; elles y apportent de petites pelotes de terre broyée très fin avec les mandibules, puis légèrement tassées de façon à pouvoir se pulvériser de nouveau; elles les étendent sur la construction avec leurs pattes antérieures. Bientôt, en creusant, elles tracent le plan du nouvel étage, laissant en relief les murs, les cloisons, et les piliers. Après avoir élevé ces parties à une hauteur suffisante, toutes ensemble travaillent à les recouvrir d'un plafond général, chacune s'appliquant à un petit coin de l'ouvrage.

Les voûtes sont faites par le procédé que nous avons déjà décrit ; de saillies horizontales, parties de tous les sommets de pilier ou de mur, vont à la rencontre les unes des autres. Les insectes ont la perspicacité de commencer leur travail aux points les plus propres à donner un fort appui aux matériaux en surplomb ; comme par exemple dans l'angle de deux murs.

Une si grande activité règne dans le peuple des ouvrières, et elles ont tant de hâte pour profiter de l'humidité, qu'un pareil étage est quelquefois achevé tout entier en sept ou huit heures. Si la pluie vient à s'interrompre brusquement dans le cours des travaux, elles abandonnent les chantiers, laissent tout en souffrance jusqu'à la prochaine averse, dont elles profiteront pour terminer le tout.

Nous avons déjà eu occasion de parler des chemins couverts et des étables à Pucerons que les Fourmis bâtissent en dehors de leur habitation. En outre de toutes ces maçonneries, elles préparent aussi des routes dans les champs, arrachant l'herbe et creusant la terre, de façon à avoir un chemin battu et dégagé des lilliputiennes broussailles où elles risqueraient de s'embarrasser, quand elles rentrent au nid chargées de fardeaux divers et souvent très encombrants.

Habitations élevées avec des matériaux durs reliés par du mortier. — Parmi les Mammifères, peu d'animaux sont devenus, dans l'industrie de la maison bâtie, aussi habiles que les Insectes dont nous venons de parler. Deux cependant les égalent s'ils ne les surpassent pas : ce sont l'*Ontadra* et le *Castor*.

Les *Ontadras*, ou Rats musqués du Canada, vivent en colonies au bord des fleuves et des lacs profonds, et ils se construisent des demeures très bien disposées. Dans leurs procédés on retrouve juxtaposés l'abri tissé et la maison de terre maçonnée. Les cabanes sont établies au-dessus du niveau des plus hautes eaux, et se montrent comme de petits dômes. Pour les élever, les animaux commencent par enfoncer en terre des roseaux, qu'ils enlacent entre eux et tressent de façon à former une sorte de paillasson vertical. Ils l'enduisent extérieurement d'une couche de vase, gâchée avec les pattes et égalisée avec la queue. A la partie supérieure de la hutte, les joncs sont peu pressés entre eux et point recouverts de terre, afin que l'air puisse se renouveler dans l'intérieur. Une pareille habitation destinée à loger six ou huit individus, qui ont collaboré pour l'édifier, peut mesurer jusqu'à 0^m,65 de diamètre. Il n'y a pas de porte ouverte

Fig. 297. — La Colchique (?)

directement sur la terre. Du plancher part une galerie souterraine qui vient déboucher au-dessous de l'eau. Elle présente des embranchements secondaires, les uns horizontaux, par lesquels l'animal va à la recherche des racines pour sa nourriture; les autres, verticaux, tombent dans des fosses d'aisance, spécialement et uniquement affectées aux ordures.

Mais c'est surtout le Castor *(C. fiber)* qui montre les plus grandes qualités d'ingénieur et de maçon. Cet industrieux et sagace Rongeur est bien fait pour gêner les partisans de l'instinct distinct et séparé de l'intelligence, qui rend les animaux semblables à de véritables machines et les pousse à effectuer des actes combinés, sans qu'ils s'en rendent compte, et avec une fatalité et une détermination auxquelles ils ne sauraient échapper dans aucune circonstance.

Les Castors ne vivent plus guère que dans le Canada. On en trouve cependant encore quelques individus sur les bords du bas Rhône, en Camargue. Il y a plusieurs siècles, ils existaient aussi dans les environs de Paris, en assez grand nombre. La *Bièvre* tire son nom de l'ancien mot français qui désignait le Castor, et son analogie avec les noms de cet animal, en anglais *Beaver*, ou en allemand *Biber*, est d'ailleurs assez frappante. Dans les endroits où il est traqué et inquiété par l'Homme, le Castor vit par couples, se creuse un terrier analogue à celui de la Loutre, et ne montre pas son art consommé. Il végète, se borne à fuir ses ennemis trop forts et se prive d'un confortable dangereux. Mais lorsque la sécurité des solitudes permet à ces animaux de se réunir, de vivre en société, de posséder sans trop de craintes un étang ou un ruisseau, ils déploient alors toute leur industrie.

Ils se construisent des demeures fort bien aménagées. Au bord d'un étang, chacun élève sa hutte, et il n'y a pas de travail en commun de toute la colonie. S'il s'agit au contraire d'habiter la rive d'un cours d'eau peu profond, des ouvrages préliminaires deviennent nécessaires. Les Rongeurs établissent un barrage, de façon à posséder une large nappe, d'une profondeur suffisante et surtout constante, et qui ne soit pas à la merci d'une hausse ou d'une baisse de la rivière. Seule, une crue excessive et brusque est fatale à leurs digues ; mais les nôtres sont-elles plus ménagées dans de semblables circonstances ?

Lorsque des Castors, tentés par l'abondance des saules et des peupliers, dont ils mangent l'écorce et utilisent le bois pour leurs constructions, ont fait choix d'un emplacement, et ont projeté de fonder un village sur le bord de l'eau, ils doivent accomplir successivement plusieurs travaux. Leur premier désir est d'être en possession d'un grand nombre de troncs d'arbres abattus. Pour y arriver, ils se répandent dans les forêts qui bordent le fleuve, et s'attaquent à des pieds de vingt à trente centimètres de diamètre. Ils sont outillés pour cela. Avec leurs incisives puissantes, manœuvrées par de fortes mâchoires ils ont rapidement rongé un arbre de cette taille. Ils opèrent en se tenant assis sur le train de derrière, et entament le bois par une entaille en biseau, en ayant soin de pousser leur tâche de bûcheron de telle sorte que la chute se produise du côté de l'eau. L'austérité du labeur alterne d'ailleurs avec les plaisirs de la table. De temps en temps, les Castors enlèvent l'écorce des arbres abattus, pour s'en repaître, car ils en sont très friands.

Digues des Castors. — Les matériaux étant ainsi préparés, les animaux se mettent en devoir d'établir leur digue. Ils plantent sur le fond de la rivière des pieux d'environ $1^m,50$ à 2 mètres de hauteur, et les alignent les uns contre les autres. Puis, ils entrelacent entre eux des branches flexibles et bouchent tous les trous avec de la vase. Le barrage a une épaisseur de 3 à 4 mètres à la base et de $0^m,60$ à la partie supérieure. La paroi d'amont est inclinée, celle d'aval est verticale ; c'est la meilleure disposition pour supporter la pression de la masse d'eau, qui s'exerce alors sur une surface déclive. Dans certains cas, les Castors poussent même plus loin la science hydraulique. Si le cours d'eau est peu rapide, ils font en général une digue rectiligne, perpendiculaire aux deux rives, dans ce cas, cela suffit ; mais, si le courant est violent, ils l'incurvent de façon que sa convexité soit tournée en amont. De la sorte elle peut bien plus efficacement résister. En un mot, ils ne font pas toujours de même ; et ils s'ingénient pour mettre leur manière d'agir en rapport, de la façon la plus favorable possible, avec les conditions de milieu.

Le barrage terminé, les animaux construisent leurs huttes. Des morceaux de bois, dépouillés de leur écorce, sont ajustés et réunis par de la terre glaise ou de la vase, que les Castors prennent dans la berge du fleuve, qu'ils transportent, gâchent et maçonnent avec leurs pattes de devant. Ces cabanes forment des dômes de 3 à 4 mètres de diamètre à la base, et de 2 mètres à $2^m,30$ de hauteur. Le plancher est au niveau de la surface de l'étang artificiel. Un couloir s'enfonce en terre et vient déboucher à $1^m,50$ au-dessous de l'eau, afin que l'issue n'en soit pas bouchée par la gelée, dans les rigoureux hivers de ces pays.

A l'intérieur, près de l'entrée, les Castors pratiquent à l'aide d'une cloison un compartiment spécial, destiné à servir de magasin et ils y entassent d'énormes monceaux de racines de nénuphar : provisions pour le temps où la glace et la neige les empêchent d'aller écorcer les jeunes troncs.

Une telle habitation peut servir trois ou quatre ans, et l'animal y jouit tranquillement du fruit de son industrie, tant que l'Homme n'a pas découvert sa retraite ; car il peut échapper à la nage à tous les Carnassiers, la Loutre peut-être exceptée. Dans les grandes crues, le niveau de l'eau monte peu à peu dans sa hutte ; si l'inondation se prolonge et s'il court le risque d'être asphyxié sous la coupole, il en crève avec ses dents la partie supérieure par laquelle il s'échappe. Il revient lorsque le fleuve est rentré dans son lit, fait les réparations nécessaires et reprend le cours de sa vie paisible.

Ainsi nous avons vu, depuis le trou informe jusqu'à ces demeures compliquées, tous les intermédiaires possibles ; nous avons retrouvé chez les animaux les rudiments des différentes habitations humaines, et même certains d'entre eux sont arrivés à un degré de civilisation que, dans certaines contrées, l'Homme ne dépasse pas actuellement ou même n'a pas encore atteint.

CHAPITRE VI

DEFENSE ET ASSAINISSEMENT DES DEMEURES

L'édification de confortables demeures n'est pas encore le dernier terme auquel peut atteindre l'industrie des animaux. Il en est parmi eux qui déploient un véritable talent pour les assainir et pour les défendre contre les invasions du dehors.

Précautions générales contre un danger possible. — Quelques-uns montrent, pendant la construction même, une extrême prudence pour empêcher que l'emplacement où elle s'élève ne soit découvert. Plusieurs auteurs citent le stratagème usité par la Pie qui commence plusieurs nids à la fois; mais un seul est destiné à recevoir sa couvée et c'est lui seul qui est terminé. Les autres ont pour but de détourner l'attention. C'est autour de ces derniers que l'Oiseau s'empresse avec une ostentation voulue, tandis qu'il travaille au véritable berceau seulement quelques heures par jour, le matin et le soir.

La Grue prend également d'ingénieuses précautions pour que sa présence constante en un même point n'y fasse pas soupçonner une retraite. Elle n'y arrive ou n'en sort jamais au vol, toujours à pied et en se dissimulant au long des touffes de roseaux. De Homeyer rapporte même que la femelle, au moment de la ponte, enduit ses ailes et son dos avec de la vase. Celle-ci en séchant donne à l'animal un ton roux, qui le fait confondre avec les objets environnants ; c'est du mimétisme voulu.

La Linotte (fig. 44) enfin, accusée à tort de manquer de jugement, se rend très bien compte qu'un amoncellement d'excréments au pied d'un arbre signale un nid dans les branches. Elle a soin de supprimer cet indice révélateur, et chaque jour elle les prend dans son bec pour aller les disperser au loin.

Séquestration des femelles couveuses.—Deux Oiseaux, le *Dichocère bicorne* de l'Inde et le *Rhyticère à bec plissé* de Malacca, assurent la protection de leur nid et de la femelle pendant qu'elle couve, d'une façon au moins singulière. Elle pond dans un creux d'arbre ;

dès qu'elle a pris place sur ses œufs, le mâle ferme
l'orifice d'entrée avec de la terre glaise délayée, et ne

FIG. 44. — La Linotte vulgaire.

laisse qu'un trou par lequel la captive peut passer le
bec, pour recevoir les fruits qu'il lui apporte en quantité. Si la dame est cloîtrée aussi étroitement que

dans le harem le plus jaloux, du moins son seigneur et maître en prend-il les soins les plus attentifs.

Quel peut être le but de cette étrange coutume ? On a prétendu que, pendant l'incubation, la femelle perdait ses plumes et devenait incapable de voler. Le mâle ne la murerait ainsi que par précaution, par crainte de la voir tomber du nid ; car si ce déplorable accident survenait, elle ne pourrait y remonter. Il me semble bien que l'on prend ici l'effet pour la cause, et que la chute des plumes et l'engourdissement doivent être le résultat mais non le motif de la claustration. On serait plutôt tenté de croire que le mâle veut par ce procédé garantir sa femelle et sa descendance contre les attaques des Écureuils ou des Rapaces.

Mesures d'hygiène des Abeilles. — Parmi les animaux industrieux pour l'hygiène et la protection de leurs demeures il faut placer en première ligne les Abeilles. Il peut arriver que des Souris, des Serpents, des Phalènes s'introduisent dans une ruche. Assaillis par l'essaim et criblés de piqûres, ils meurent sans avoir pu fuir. Ces gros cadavres ne peuvent être traînés au dehors par les Hyménoptères, et leur putréfaction est une véritable menace d'infection. Pour remédier à ce fléau, les Insectes les enduisent immédiatement de *propolis*, c'est-à-dire de cette bouillie qu'ils fabriquent avec la résine des peupliers, des bouleaux et des pins. Le cadavre mis ainsi à l'abri du contact de l'air ne se putréfie point.

D'ailleurs, les Abeilles ont un grand souci de la propreté de leurs habitations, elles enlèvent avec soin et rejettent au dehors la poussière, la boue, la sciure de bois qui peuvent s'y trouver. Dans la ruche remplie d'Insectes très actifs, la chaleur s'élève d'une façon considérable et l'air est vicié. Un service est organisé pour l'aération. Des Abeilles, rangées en files superposées dans l'intérieur, agitent leurs ailes avec un mouvement fébrile, ce mouvement détermine un courant, que l'on peut sentir en tenant la main devant l'ouverture de la ruche. Lorsque les ouvriers de corvée se fatiguent, des camarades reposés viennent prendre la faction. Ces actes ne sont pas le résultat d'un instinct stupide auquel ces Hyménoptères obéissent sans se rendre compte. Si on place un essaim, ainsi que l'a fait Huber, dans un vaste local où l'air ne manque point, ils ne se livrent pas à une agitation sans but. Ceci a lieu seulement dans les étroites demeures que l'Homme accorde parcimonieusement à ses hôtes ailés.

Prudence des Abeilles. — Certaines espèces montrent une très grande prudence, en particulier la *Melipona geniculata,* qui vit à l'état sauvage dans l'Amérique du Sud. Elles placent leurs rayons dans le creux d'un arbre ou dans une fente de rocher, obturent toutes les crevasses, et ne laissent subsister qu'un trou circulaire servant d'entrée. Et encore les Insectes ont-ils la coutume de le clore chaque soir par une mince cloison qu'ils enlèvent tous les matins. Cette porte est fermée avec des matériaux divers, tels que : résine, ou même argile que les Abeilles apportent après leurs pattes, comme celles de nos pays font pour le pollen.

Tous ces faits furent observés avec beaucoup de netteté sur un essaim donné, en 1874, par M. Drory, au Jardin d'acclimation. On vit même de plus que l'occlusion de la porte pouvait avoir lieu en plein jour dans certaines circonstances, par exemple, lorsqu'un orage ou un refroidissement subit ralentissait la sortie des ouvrières. Si quelqu'une s'était attardée, il lui fallait pour rentrer perforer la cloison, et le trou était aussitôt rebouché.

Fortifications des Abeilles. — Ces faits ayant lieu toujours, on peut encore les appeler instinctifs; mais ce n'est plus le cas pour les défenses élevées en vue d'une circonstance particulière et qui disparaissent, si la menace à laquelle elles répondent vient à s'évanouir. Tels sont les travaux exécutés par les Abeilles pour repousser les invasions d'un gros Papillon nocturne le *Sphynx tête de mort* (fig. 45). Il est très friand de miel et s'introduit furtivement dans les ruches. Protégé par les poils longs et touffus qui le couvrent,

il n'a pas grand chose à redouter des coups d'aiguillon; il se gorge avec le dernier sans-gêne des provisions

RES

es.

nt,

de l'essaim. Huber, dans ses admirables recherches sur les Abeilles, raconte qu'une année en Suisse, des quantités de ruches se vidaient et ne contenaient pas plus de miel à la fin de l'été qu'au printemps. Il y avait justement cette année-là beaucoup de Sphynx.

L'illustre naturaliste acquit bientôt la conviction que le Papillon était coupable des larcins dénoncés. Que faire ? Pendant qu'il réfléchissait, les Abeilles, plus directement intéressées, avaient trouvé et même différents procédés. Les unes fermèrent la porte avec de la cire, ne conservant qu'une étroite ouverture par laquelle le gros voleur ne pouvait pénétrer. Les autres établirent devant l'orifice une série de murs parallèles, laissant entre eux des corridors tortueux ; les Hyménoptères pouvaient entrer, en circulant en zigs-zags. Mais l'intrus était beaucoup trop long pour se livrer avec succès à cet exercice. L'Homme utilise des défenses de ce genre ; c'est ainsi que, à l'entrée d'un paturâge par exemple, il place un tourniquet ou bien des barres parallèles ne se faisant pas face, le passage n'est pas fermé pour lui, tandis qu'une Vache est trop longue pour franchir l'obstacle.

Dans les années où les Sphynx sont rares, les Abeilles n'exécutent pas ces barricades qui, après tout, les gênent elles-mêmes. Deux ou trois années consécutives, elles laissent leurs portes largement ouvertes. Puis voilà de nouveau l'invasion revenue, immédiatement elles ferment leurs issues. On ne peut nier que dans ces cas elles ne mettent d'accord leurs actes avec des circonstances même peu habituelles.

Précaution contre l'indiscrétion. — Enfin, pour conclure, citons un fait de défense, qui s'est passé dans des conditions absolument exceptionnelles, et qui, par là même, accuse chez ces Insectes une véritable réflexion.

Pendant la première Exposition de 1855, on avait établi une ruche artificielle, dont une des faces était fermée par une vitre. Un volet de bois masquait cette vitre ; mais des oisifs le tiraient à chaque instant pour contempler le travail des petites bêtes. Gênées par cette indiscrétion, elles résolurent d'en finir, et mastiquèrent le battant avec du propolis, matière fabriquée comme je l'ai indiqué déjà avec la résine de différents arbres. Cette substance sécha, et il ne fut plus possible d'ouvrir la porte. — Les Abeilles n'y étaient plus pour personne.

Éclairage des nids. — Un perfectionnement d'une tout autre nature est apporté au confortable de l'habitation par le *Baya*, et si les faits que l'on raconte sont exacts, ce sont assurément les plus merveilleux de tous. Il s'agirait d'un véritable éclairage de son nid par des vers luisants.

Le *Melicourvis Baya* habite l'Inde : c'est un petit Oiseau voisin des Loxia dont nous avons parlé au cours de ce livre (voyez page 235). Comme ceux-ci, il construit un nid très bien conçu et très bien exécuté (fig. 46). Il le suspend en général à un palmier mais quelquefois aussi aux toits des maisons. Dans ces abris tissés avec un art extrême, on trouve toujours des petites boulettes d'argile, que la sécheresse a durcies. Pourquoi, dans quel but, cet Oiseau entasse-t-il ainsi ces objets ? Est-ce poussé par un instinct de collectionneur moins parfait que celui des Chlamydera. Cela n'est guère à supposer. Peut-être entend-il rendre son nid plus lourd et l'empêcher par ce lest d'être balancé à toutes les brises, quand les époux sont sortis, et que le léger poids des jeunes ne suffit plus pour assurer la stabilité de l'édifice.

Le rôle de ces boulettes serait tout autre, et bien plus surprenant, d'après les dires des Indiens, confirmés par les observations de Severn et du capitaine Briant, telles que les rapporte M. R. Dubois (*Science et Nature*, 1885).

Dans les régions tropicales, les Insectes lumineux émettent des lueurs brillantes, dont les vers luisants de nos pays ne peuvent donner qu'une idée infime.

19.

Ces étoiles volantes ou rampantes constellent les forêts vierges. Dans l'Amérique du Sud, les Indiens utilisent un de ces Insectes, le *Cucujo,* l'attachent à

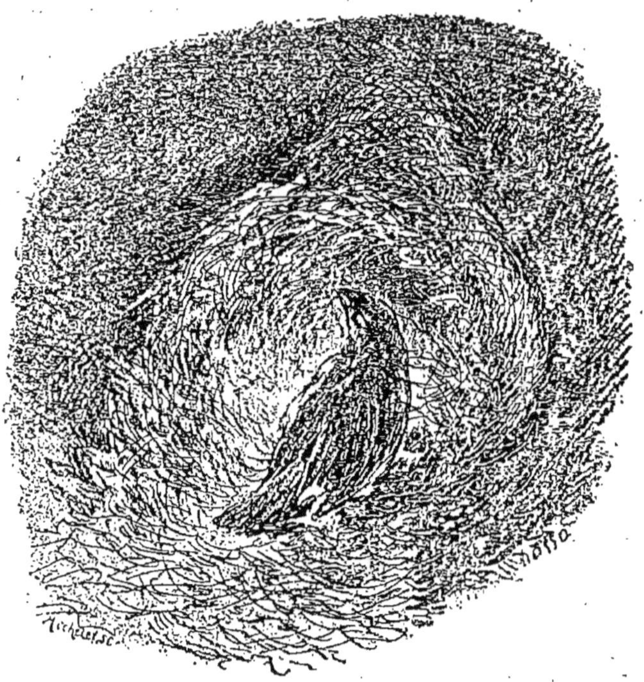

FIG. 47. — Nid du Baya.

leur orteil comme une petite lanterne et profitent de son éclat suffisant pour retrouver leur chemin ou écarter les serpents de leurs pieds nus. Les premiers missionnaires aux Antilles, manquant d'huile pour leurs lampes, les remplaçaient parfois par des Taupins pour lire matines.

Le *Melicourvis Baya* avait déjà trouvé ce procédé d'éclairage, et les mystérieuses boulettes d'argile ne seraient autre chose que des bougeoirs, où ces Oiseaux enchâssent, quand elles sont fraîches, des vers luisants en guise de bougies. L'entrée du nid est ainsi toute lumineuse (fig. 47).

Apparemment, cet éclairage est une mesure défensive, car les Baya n'ayant rien à faire la nuit, si ce n'est à dormir, doivent plutôt être incommodés qu'égayés par cette douce lueur. Mais le redoutable ennemi de toutes les couvées, le serpent, est, dit-on, effrayé par cette illumination protectrice et n'ose pas la franchir.

Le système est ingénieux, et les empereurs romains, en se servant comme torches de chrétiens enflammés, n'étaient que les plagiaires de ce petit Oiseau, qui pave de suppliciés le seuil de sa demeure d'amour.

CONCLUSION

A la suite de toutes ces études, nous voyons dispersées dans le règne animal les industries fondamentales des Hommes, non pas toutes assurément, ni surtout les plus subtiles, d'ailleurs nées d'hier.

Remarquons à quel point les manifestations intellectuelles de cette sorte sont indépendantes de la place plus ou moins élevée assignée aux espèces dans les classifications zoologiques. Celles-ci en effet, et cela doit être, rapprochent ou éloignent les êtres d'après les complications de leurs formes. Mais l'intelligence ne dépend pas du corps entier, son développement supérieur ou inférieur est en rapport avec une certaine complexité correspondante dans la surface, le volume et la structure histologique de certains centres nerveux.

Il en arrive pour la fonction cérébrale comme

pour les autres fonctions. La supériorité d'un animal ne s'accuse pas dans tous ses organes ou dans toutes ses qualités à la fois ; elle résulte d'un certain ensemble où il peut y avoir des points faibles. Les plus élevés en organisation ne sont pas nécessairement les plus rapides ou les plus forts, pas plus qu'ils ne sont nécessairement les plus intelligents. Cela peut arriver, cela arrive pour l'Homme ; mais cela peut aussi bien ne pas être. Par la disposition de ses organes, un Cheval est plus voisin de l'Homme qu'une Fourmi ; mais combien plus éloigné par le développement intellectuel.

Voilà pourquoi, en suivant les progrès d'une industrie déterminée, nous prenions nos exemples d'abord dans un groupe, puis dans un autre très éloigné, pour revenir encore au premier. Il n'y a pas et ne peut pas y avoir de liens entre une *seule fonction* de l'être et la place de celui-ci dans les classifications, place qui a été déterminée par la *forme de tous ses organes*, sans même tenir compte de leur manière d'être en activité.

L'anatomie comparée a depuis longtemps fait tomber les barrières, réputées infranchissables, élevées par l'orgueil humain entre les espèces animales et la nôtre. Notre corps ne diffère pas du leur.

De plus, tout ce que nous pouvons entrevoir de

leurs facultés psychiques nous permet de penser qu'elles sont de même nature que les nôtres.

Les industries où leurs talents s'exercent montrent que, sous les influences du même milieu extérieur, ils ont réagi de la même manière et trouvé les mêmes combinaisons pour se garantir du froid ou de la chaleur, pour se soustraire aux attaques de leurs ennemis, pour assurer leur nourriture dans les périodes difficiles où la terre ne la produit pas en abondance.

Ajoutons cependant, pour ne pas tomber dans une exagération contraire, que l'Homme excelle dans tous les arts dont nous ne pouvons, chez les autres, trouver que des rudiments épars, et sauvons du moins notre amour-propre en affirmant que la comparaison ne nous effraie pas. Si notre intelligence n'est pas essentiellement différente de celle des animaux, gardons la satisfaction de la savoir de beaucoup supérieure.

FIN

TABLE ZOOLOGIQUE.

Nous avons fait remarquer que l'industrie des animaux n'est pas absolument en liaison avec la place plus ou moins élevée de ceux-ci dans les classifications, et nous avons indiqué les raisons de ce manque d'accord.

La concordance, sauf quelques exceptions explicables, est néanmoins la règle, et l'on peut voir, en jetant un coup d'œil sur la table ci-jointe, que les animaux dont nous avons eu à parler appartiennent tous ou presque tous aux classes supérieures des deux embranchements les plus élevés : Vertébrés et Arthropodes, c'est-à-dire Mammifères et Oiseaux d'une part, Insectes de l'autre.

Cette liste nous apprend de plus que les industries supérieures dans l'ensemble sont le partage des êtres les plus perfectionnés en organisation.

MAMMIFÈRES

INSECTES

CRUSTACÉS

FIN DE LA TABLE ZOOLOGIQUE

TABLE DES MATIERES

FIN DE LA TABLE DES MATIÈRES

ÉLÉMENTS DE ZOOLOGIE

Par Henri SICARD

Professeur à la Faculté des Sciences de Lyon, Agrégé à la Faculté de Médecine

1 vol. in-8, XVI-842 pages avec 758 fig., cartonné. . 20 fr.

Les *Éléments de zoologie* de M. Sicard embrassent à la fois la zoologie générale et la zoologie descriptive et analytique. Dans la première partie l'auteur traite de la constitution des animaux, de l'accroissement et du perfectionnement des organismes, de la structure et des fonctions des organes en général, du développement des animaux et de la classification. La théorie de l'évolution de Lamarck et le système de Darwin y sont résumés avec la plus grande clarté. La seconde partie, de beaucoup la plus développée, est consacrée à la zoologie descriptive. L'auteur s'est toujours attaché à ne donner que les résultats acquis et non sujets à revision. Aussi, au milieu de la multiplicité des classifications proposées, a-t-il cru préférable de s'en tenir à celle qui est en quelque sorte classique en France. L'auteur parle des formes inférieures les plus simples pour s'élever progressivement jusqu'aux formes supérieures les plus complexes.

La même marche a été suivie dans la description de chaque embranchement, de chaque classe, de chaque genre. Cette uniformité, jointe à la netteté et à la précision des descriptions, sera très appréciée.

CHATIN (JOANNÈS). *Les organes des sens* dans la série animale. Leçons d'anatomie et de physiologie comparées. 1 vol. in-8 de VIII-726 pages avec 136 figures. . . . . 12 fr.

FOLIN (de). *Sous les mers.* Campagnes d'explorations du *Travailleur* et du *Talisman.* 1 vol. in-16, avec 46 figures. . . . . . 3 fr. 50

FREDERICQ. *La lutte pour l'existence* chez les animaux marins. 1 vol. in-16 de 303 pages avec 50 figures. . . . . 3 fr. 50

GIRARD (M.). *Les Insectes. Traité élémentaire d'entomologie*, comprenant l'histoire des espèces utiles et leurs produits, des espèces nuisibles et des moyens de les détruire, l'étude des métamorphoses et des mœurs, les procédés de chasse et de conservation. Ouvrage complet, 1873-1885, 3 vol. in-8. avec atlas de 118 pl. Figures noires, 100 fr. — Figures coloriées. . . . . 170 fr.

GIROD. *Manipulations de zoologie.* Guide pour les travaux pratiques de dissection. Animaux invertébrés, 1889, in-8º avec 25 planches en noir et couleur, cart. . . . . 10 fr.

MOQUIN-TANDON. *Histoire naturelle des Mollusques terrestres et fluviatiles de France,* contenant des études générales sur leur anatomie et leur physiologie et la description particulière des genres, des espèces, des variétés, 1855, 2 vol. gr. in-8. de 450 pages avec un atlas de 54 pl. Figures noires, 42 fr. — Figures coloriées. . . . 66 fr.

---

de Kerville, à Rouen; M. Barthélemy, directeur du service de santé de la marine, à Brest; MM. Ravenez et Kopff, médecins-majors de l'armée; M. Montillot, directeur de télégraphie militaire, etc.

En Belgique et en Suisse, M. Léon Fredericq, de l'Université de Liège; M. Dollo, aide-naturaliste au Muséum de Bruxelles; M. Herzen, de l'Académie de Lausanne.

Dans le cadre de cette *Bibliothèque* sont comprises toutes les sciences physiques, chimiques, naturelles et médicales.

Parmi les sujets traités, nous signalerons :

En astronomie et en météorologie : *la Prévision du temps, les Phénomènes électriques de l'atmosphère, les Merveilles du ciel.*

En physique : *le Microscope, la Lumière et les Couleurs, les Anomalies de la vision.*

En Chimie : *le Lait, la Coloration des vins, les Ferments et les fermentations, les Théories et Notations de la Chimie moderne.*

En applications industrielles des sciences : *la Photographie, la Galvanoplastie et l'Électro-métallurgie, la Navigation aérienne, la Télégraphie moderne.*

En agriculture : *la Truffe, les Abeilles, l'Alcool.*

En minéralogie et en géologie : *les Tremblements de terre, les Vosges, les Minéraux utiles, les Volcans, les Glaciers.*

En paléontologie : *les Ancêtres de nos animaux, les Plantes fossiles, l'Origine des arbres cultivés.*

En anthropologie et en archéologie : *les Pygmées, l'Homme avant l'histoire, le Préhistorique en Europe, l'Archéologie préhistorique, l'Égypte au temps des Pharaons.*

En zoologie : *le Transformisme, Sous les mers, les Parasites, les Laboratoires de zoologie marine, la Famille et les Sociétés chez les animaux, les Industries animales, la Lutte pour l'existence chez les animaux marins, les animaux lumineux, le Monde des oiseaux, les Sens chez les animaux inférieurs.*

En botanique : *la Biologie végétale, la Vie des champignons, la Géographie botanique, la Vigne et le raisin.*

En physiologie : *Magnétisme et hypnotisme, le Somnambulisme provoqué, Double conscience et altérations de la personnalité, le Cerveau et l'Activité cérébrale, la Suggestion mentale, le Monde des rêves, Variations de la personnalité.*

En hygiène : *Nervosisme et névroses, le Cuivre et le Plomb, les Nouvelles Institutions de bienfaisance, Hygiène des orateurs, Hygiène de la vue.*

En médecine : *le Secret médical, Microbes et maladies, la Folie chez les enfants, Fous et Bouffons, les Frontières de la folie.*

ENVOI FRANCO CONTRE UN MANDAT POSTAL

DESACIDIFIE
A SABLE : 1998